华 章 图 书

一本打开的书，一扇开启的门，

通向科学殿堂的阶梯，托起一流人才的基石。

智能科学与技术丛书

Algorithmic Aspects of Machine Learning

机器学习算法

[美] 安柯·莫特拉(Ankur Moitra) ◎ 著
麻省理工学院

庄福振 北京航空航天大学
赵朋朋 苏州大学 ◎ 译

机械工业出版社
China Machine Press

图书在版编目（CIP）数据

机器学习算法 /（美）安柯·莫特拉（Ankur Moitra）著；庄福振，赵朋朋译. -- 北京：机械工业出版社，2021.4

（智能科学与技术丛书）

书名原文：Algorithmic Aspects of Machine Learning

ISBN 978-7-111-68048-2

I. ①机… II. ①安… ②庄… ③赵… III. ①机器学习－算法 IV. ① TP181

中国版本图书馆 CIP 数据核字（2021）第 070722 号

本书版权登记号：图字 01-2020-7584

本书探索了理论计算机科学和机器学习这两个领域能够互相借鉴的知识。书中介绍了机器学习中的重要模型和主要问题，并以一种容易理解的方式介绍了该领域的前沿研究成果以及现代算法工具，包括矩量法、张量分解法和凸规划松弛法。本书共 8 章，内容涵盖非负矩阵分解、主题模型、张量分解、稀疏恢复、稀疏编码、高斯混合模型和矩阵补全等。

本书适合理论计算机科学家、机器学习研究人员以及相关专业的学生阅读和学习。

出版发行：机械工业出版社（北京市西城区百万庄大街 22 号 邮政编码：100037）

责任编辑：王春华　孙榕舒　　责任校对：殷　虹

印　刷：三河市宏图印务有限公司　　版　次：2021 年 5 月第 1 版第 1 次印刷

开　本：185mm×260mm　1/16　　印　张：12.5

书　号：ISBN 978-7-111-68048-2　　定　价：79.00 元

客服电话：（010）88361066　88379833　68326294　　投稿热线：（010）88379604

华章网站：www.hzbook.com　　读者信箱：hzjsj@hzbook.com

译者序

随着人工智能在近十年的不断兴起，以及计算科学技术的发展进步，学术界/工业界对机器学习算法的研究逐渐深入，很多实际应用问题得以解决。机器学习是一门多领域交叉学科，涉及概率论、统计学、逼近论、凸分析、算法复杂度理论等多门学科。机器学习是人工智能的核心，主要研究计算机怎样模拟或实现人类的学习行为，以获取新的知识或技能，重新组织已有的知识结构使之不断完善。

虽然机器学习的覆盖范围比较广，但本书主要集中在处理矩阵数据的矩阵运算算法方面，专业性比较强。相对于以往专注于机器学习理论以及机器学习算法实践方面的书籍，本书应该介于这两者之间，目的是使读者针对算法“知其然且知其所以然”。本书可以作为相关专业本科高年级学生或研究生的教材。

非常感谢本书作者的信任和机械工业出版社的委托，本书的翻译是由我和苏州大学的赵朋朋老师合作完成的。我们两个人的研究方向都是机器学习、数据挖掘，包括迁移学习、推荐系统等。还有一些研究生也参与了本书的翻译工作，他们是（排名不分先后）：郭庆宇、沈丹瑶、齐志远、罗安靖、赵静。出版社的编辑在排版和校对方面给予了我们极大的帮助。感谢他们为本书的出版付出的努力！

由于时间仓促以及一些翻译习惯上的差异，本书难免存在瑕疵，在此谨致歉意。若有发现，请及时反馈给我或出版社以进行修正，本人将不胜感激。

庄福振

2021 年 1 月

前　言

Algorithmic Aspects of Machine Learning

本书基于麻省理工学院在 2013 年秋季、2015 年春季和 2017 年秋季开设的“Algorithmic Aspects of Machine Learning”课程。感谢学习本课程并使之成为一次美妙体验的所有学生。

目　录

Algorithmic Aspects of Machine Learning

引　言

机器学习正在开始接管我们生活中方方面面的决策，包括：

1）保证我们在自动驾驶汽车上的日常通勤安全。
2）根据我们的症状和病史做出准确的诊断。
3）定价和交易复杂证券。
4）发现新科学，例如各种疾病的遗传基础。

但是令人惊讶的事实是，这些算法在没有任何可证明的行为保证下工作。当面临一个优化问题时，它们是否真的找到了最优解，或者只是一个不错的解？当它们假定一个概率模型时，是否能够从真实的后验分布中纳入新的证据和样本？机器学习在实践中非常有效，但这并不意味着我们理解它为什么如此有效。

如果你已经上过传统算法课程，通常会通过最坏情况分析来考虑算法。当你使用一个排序算法时，会根据其在最坏可能输入情况下执行的操作次数来衡量其运行时间。这是一种很方便的约束类型，因为这意味着你可以对你的算法所需的时间进行有意义的说明，而不必担心你通常提供给它的输入类型。

但是，机器学习算法（尤其是现代算法）的分析如此具有挑战性的原因是，它们试图解决的问题类型在最坏输入情况下实际上是NP-hard问题。当你将寻找最适合你的数据的参数的问题转换为优化问题时，有时会像NP-hard问题一样很难找到一个好的解。当你假定一个概率模型并想使用它来进行推理时，有时也会遇到NP-hard的情况。

1

在本书中，我们将通过尝试为数据找到更现实的模型，来解决为机器学习提供可证明保证的问题。在许多应用中，我们可以根据问题的出现背景进行合理的假设，从而绕过这些最坏情况的障碍，并严格分析实际中使用的启发式方法，以及从根本上设计出解决机器学习中一些核心、重复性问题的新方法。

退一步讲，越过最坏情况分析的想法与理论计算机科学本身一样古老[95]⊖。实际上，理解“典型”实例上算法的行为，有许多不同的含义，包括：

1）输入的概率模型，甚至是结合最坏情况和平均情况分析的混合模型，如半随机模型[38,71]或平滑分析[39,130]。

2）度量问题复杂度以及要求算法针对简单输入速度快的方式，例如参数化复杂度[66]。

3）稳定性概念，它试图阐明问题的哪些实例具有有意义的答案，以及哪些实例正是你实际想要解决的[20,32]。

这绝不是主题或参考的详尽列表。无论如何，在本书中，我们将通过关于如何解决棘手问题的见解来处理机器学习问题。

最终，我们希望理论计算机科学和机器学习之间有很多可以互相借鉴的地方。理解为何用期望最大化或梯度下降等启发式方法处理非凸函数在实际中如此有效，对于理论计算机科学而言是一大挑

⊖ 毕竟，在真实输入上表现良好的启发式方法也是古老的(比现代机器学习早很多)，因此需要解释它们。

战。但要在这些问题上取得进展，我们需要明白在机器学习背景下，哪种类型的模型和假设具有意义。另外，如果我们在这些困难的问题上取得进展，并探索出关于启发式方法为什么如此有效的新见解，就有希望对它们进行更好的设计。我们甚至可以希望找到全新的方法来解决机器学习中的一些重要问题，尤其是通过利用算法工具包中的现代工具。

在本书中，我们将涵盖以下主题：

1）非负矩阵分解。

2）主题模型。 2

3）张量分解。

4）稀疏恢复。

5）稀疏编码。

6）高斯混合模型。

7）矩阵补全。

希望随着该领域的发展和新发现的涌现，在后续的版本中能够加入更多的章节。 3

非负矩阵分解

本章将探讨非负矩阵分解问题。首先，我们将对比非负矩阵分解问题与我们熟知的奇异值分解问题，这有利于我们更好地理解这一问题。在最坏的情况下，非负矩阵分解是 NP-hard 问题(说真的，你还期望什么呢?)，但是我们将做出特定领域的假设(称为可分离性)，这将使我们可以为这一问题中的一种重要的特殊情况提供可证明的算法。然后我们将运用该算法来学习主题模型的参数。这将是我们遇到的第一个针对计算难解型问题寻找解决思路的案例。

2.1 介绍

为了更好地理解非负矩阵分解问题背后的动机，以及为什么它在实际应用中有用，我们首先介绍奇异值分解(Singular Value Decomposition，SVD)，然后将两者进行比较。最终，这两种方法都将被应用到本节最后的文本分析问题中。

奇异值分解

奇异值分解是线性代数中最强大的工具之一，给定一个 $m\times n$

的矩阵 $\boldsymbol{M}$，它的奇异值分解被写成

$$\boldsymbol{M}=\boldsymbol{U\Sigma V}^{\mathrm{T}}$$

4

其中 $\boldsymbol{U}$ 和 $\boldsymbol{V}$ 是正交矩阵，$\boldsymbol{\Sigma}$ 是非负对角矩阵。我们也可以把上式写成

$$\boldsymbol{M}=\sum_{i=1}^{r}\sigma_i\boldsymbol{u}_i\boldsymbol{v}_i^{\mathrm{T}}$$

其中 $\boldsymbol{u}_i$ 是 $\boldsymbol{U}$ 的第 i 列，$\boldsymbol{v}_i$ 是 $\boldsymbol{V}$ 的第 i 列，σ_i 是 $\boldsymbol{\Sigma}$ 对角线上的第 i 个元素。在本章中，我们规定 $\sigma_1\geqslant\sigma_2\geqslant\cdots\geqslant\sigma_r>0$。在这种情况下，$\boldsymbol{M}$ 的秩即为 r。

在本书中，我们将会使用上述的分解形式，以及矩阵的特征分解(eigendecomposition)。如果 $\boldsymbol{M}$ 是一个 $n\times n$ 的可对角化矩阵，它的特征分解可以写作

$$\boldsymbol{M}=\boldsymbol{PDP}^{-1}$$

其中 $\boldsymbol{D}$ 是对角矩阵。现在，有以下几点需要注意：

1) **存在性**：所有的矩阵都有奇异值分解，只有方阵才有特征分解。而且，不是所有的方阵都是可对角化的，$\boldsymbol{M}$ 可对角化的充分条件是它所有的特征值都不相同。

2) **算法**：这两种矩阵分解方法都能被有效地计算。计算奇异值分解的最佳通用算法的时间复杂度是 $O(mn^2)$，如果 $m\geqslant n$。对于稀疏矩阵来说，还有更快的算法。计算矩阵特征分解的时间复杂度是 $O(n^3)$，该算法可以基于快速矩阵乘法进一步改善，尽管此类算法的稳定性和实用性尚不确定。

3) **唯一性**：奇异值分解是唯一的当且仅当矩阵的奇异值不相同。类似地，特征分解是唯一的当且仅当矩阵的特征值不相同。在某些情况下，我们只需要非零奇异值/特征值各不相同，因为可以忽略其他部分。

两个应用

奇异值分解最重要的两个性质是它可以被用来找到最佳秩 k 近似(best rank k approximation)，并且可以用来降维。我们接下来将探讨这两点。首先，让我们阐明什么是最佳秩 k 近似问题。一种定义方式是利用 Frobenius 范数：

定义 2.1.1 (Frobenius 范数) $\|\boldsymbol{M}\|_F = \sqrt{\sum_{i,j} \boldsymbol{M}_{i,j}^2}$

很容易看出 Frobenius 范数具有旋转不变性。例如，将矩阵 $\boldsymbol{M}$ 的每一列单独视作一个向量。矩阵 Frobenius 范数的平方是矩阵每一列范数的平方和。那么，左乘一个正交矩阵可以保留其每一列的范数。同样，右乘一个正交矩阵可以保留其每一行的范数。这种旋转不变性允许我们给出另一种刻画 Frobenius 范数的形式：

$$\|\boldsymbol{M}\|_F = \|\boldsymbol{U}^{\mathrm{T}}\boldsymbol{M}\boldsymbol{V}\|_F = \|\boldsymbol{\Sigma}\|_F = \sqrt{\sum \sigma_i^2}$$

第一个相等关系运用了我们之前所建立的旋转不变性。

下述的 Eckart-Young 定理认为，矩阵 $\boldsymbol{M}$ 关于 Frobenius 范数的最佳秩 k 近似由其截断奇异值(truncated singular value decomposition)分解给出。

定理 2.1.2 (Eckart-Young) $\underset{\mathrm{rank}(\boldsymbol{B})\leqslant k}{\mathrm{argmin}} \|\boldsymbol{M}-\boldsymbol{B}\|_F = \sum_{i=1}^{k} \sigma_i \boldsymbol{u}_i \boldsymbol{v}_i^{\mathrm{T}}$

令 $\boldsymbol{M}_k$ 是最佳秩 k 近似，从 Frobenius 范数的第二种定义形式可以推出 $\|\boldsymbol{M}-\boldsymbol{M}_k\|_F = \sqrt{\sum_{i=k+1}^{r} \sigma_i^2}$。

事实上，矩阵 $\boldsymbol{M}$ 的最佳秩 k 近似是其截断奇异值分解这一结论，对于任意具有旋转不变性的范数都成立。作为另一种应用，考虑如下的算子范数(operator norm)：

定义 2.1.3（算子范数） $\|\boldsymbol{M}\|=\max_{\|\boldsymbol{x}\|\leqslant 1}\|\boldsymbol{Mx}\|$

很容易看出算子范数也具有旋转不变性，并且$\|\boldsymbol{M}\|=\sigma_1$，同样采用 σ_1 是矩阵最大的奇异值的约定。那么关于算子范数的Eckart-Young定理认为：

定义 2.1.4（Eckart-Young） $\underset{\mathrm{rank}(\boldsymbol{B})\leqslant k}{\mathrm{argmin}}\|\boldsymbol{M}-\boldsymbol{B}\|=\sum_{i=1}^{k}\sigma_i\boldsymbol{u}_i\boldsymbol{v}_i^{\mathrm{T}}$

再次令 $\boldsymbol{M}_k$ 是最佳秩 k 近似，有$\|\boldsymbol{M}-\boldsymbol{M}_k\|=\sigma_{k+1}$。可以快速验证一下，如果 $k\geqslant r$，则 $\sigma_{k+1}=0$，那么最佳秩 k 近似是准确无误的(应该如此)。你应该将其视为可以套用于任意算法，来计算矩阵 $\boldsymbol{M}$ 奇异值分解的方法，因为对于任意旋转不变性的范数，你都可以找到最佳秩 k 近似。事实上，值得注意的是许多不同范数的最佳秩 k 近似是相同的。另外，$\boldsymbol{M}$ 的最佳秩 k 近似能够直接从它的最佳秩 $k+1$ 近似得到。这一性质并不适用于所有的情况，比如下一章我们将会探讨的张量。

6

接下来，我们将介绍奇异值分解在数据分析中的应用，随后介绍奇异值分解在文本分析中的应用。回想一下，$\boldsymbol{M}$ 是一个 $m\times n$ 的矩阵，我们可以将其视为定义了 n 维向量的分布，这是通过均匀且随机地抽取矩阵的一列获得的。进一步假设 $\mathbb{E}[\boldsymbol{x}]=0$，即所有的列相加得到一个零向量。令 $\mathcal{P}_k$ 是所有向量在 k 维子空间的投影组成的空间。

定理 2.1.5 $\underset{\boldsymbol{P}\in\mathcal{P}_k}{\mathrm{argmax}}\mathbb{E}[\|\boldsymbol{Px}\|^2]=\sum_{i=1}^{k}\boldsymbol{u}_i\boldsymbol{u}_i^{\mathrm{T}}$

这是奇异值分解的另一个基本定理，利用它可以计算最大化投

影方差的 k 维投影。该定理经常在可视化中应用，可以将高维向量数据投影到更易于处理的低维子空间中。

潜在语义索引

现在已经了解了奇异值分解的基本思想，我们将展示它在文本分析中的应用。这个领域的一个核心问题(也是我们将多次提到的问题)是：给定大量文档，我们希望提取一些隐藏的主题结构。Deerwester 等人[60]为此创造了潜在语义索引(Latent Semantic Indexing，LSI)，他们的方法是将奇异值分解应用于词-文档矩阵(term-by-document matrix)。

定义 2.1.6 词-文档矩阵 $\boldsymbol{M}$ 是一个 $m \times n$ 的矩阵，其中每一行代表一个单词，每一列代表一个文档，

$$M_{i,j} = \frac{\text{文档 } j \text{ 中单词 } i \text{ 的个数}}{\text{文档 } j \text{ 中单词的总数}}$$

关于归一化有很多常见的约定，这里我们对矩阵归一化，使矩阵的每一列相加和为 1。这样，我们可以把每一个文档理解成单词的概率分布。另外，在构建词-文档矩阵的过程中，我们忽略了单词出现的顺序，这被称作词袋表示(bag-of-words representation)。词袋表示的合理性来自实验，假设我给你一个文档中包含的全部单词，但将单词的顺序打乱，从中我们仍然可能确定文档的内容。因此，尽管忘记所有句法和语法概念并将文档表示成向量会丢失某些结构信息，但仍然会保留足够的信息，使文本分析中的许多基本任务仍然是可行的。

7

将数据转换成向量形式后，我们就可以对其用线性代数的方法处理。如何度量两个文档的相似度呢？最简单的做法是根据两个文档有多少个共同的单词来度量。我们设其为

$$\langle \boldsymbol{M}_i, \boldsymbol{M}_j \rangle$$

这个指标计算从文档 i 中随机抽取的单词 w 和从文档 j 中随机抽取的单词 w' 相同的概率。但是在文档很稀疏的情况下，由于每个作者选择用特定的词语来描述同一类的事物，所以文档间可能并没有很多相同的单词，因此这个指标不能很好地反映文本相似度。更糟糕的是，某些文档可能被认为是相似的，因为它们都包含了很多相同的常用词，但这些词汇与文本实际含义无关。

Deerwester 等人[60]提出利用 $\boldsymbol{M}$ 的奇异值分解来计算度量文档相似度的指标，并且这种方法在词-文档矩阵稀疏时更为合理。令 $\boldsymbol{M}=\boldsymbol{U}\boldsymbol{\Sigma}\boldsymbol{V}^{\mathrm{T}}$，$\boldsymbol{U}_{1\cdots k}$ 和 $\boldsymbol{V}_{1\cdots k}$ 分别是 $\boldsymbol{U}$ 和 $\boldsymbol{V}$ 的前 k 列。这种方法对每一对文档计算

$$\langle \boldsymbol{U}_{1\cdots k}^{\mathrm{T}}\boldsymbol{M}_i, \boldsymbol{U}_{1\cdots k}^{\mathrm{T}}\boldsymbol{M}_j \rangle$$

直观的理解是在文档中有一些主题会多次重复出现。如果我们能够以这些主题为一组基来表示每一个文档 $\boldsymbol{M}_i$，那么这些文档在这组基下的内积对于度量相似度会更有意义。一些模型(即关于如何随机生成数据的假设)可以验证这种方法能够挖掘文档真正的主题[118]。这是理论和实践相结合的理想情况，我们有在一定程度上有效的方法，并且可以对其进行分析论证。

但是，潜在语义索引仍然有很多失败的情况，这促使人们提出了其他方法。如果我们将第一个奇异向量与主题相结合，那么有：

(1) 主题是正交的

然而，类似政治和经济这种不同的主题会包含很多相似的单词，所以主题不能是正交的。

8

(2) 主题包含负值

如果文档包含这种单词，这些单词可能会抵消其他单词对该主

题的贡献。另外，两个文档可能因为都没有包含某一主题而被认为是相似的。

非负矩阵分解

针对前面出现的问题，在很多文本分析的应用中，非负矩阵分解(nonnegative matrix factorization)是一种用来替代奇异值分解的常见方法。但是，非负矩阵分解也有自己的局限性。和奇异值分解不同，非负矩阵分解是 NP-hard 问题。在实践中，常用的计算方法都是启发式方法，不能够辅以证明。

定义 2.1.7 内维度(inner-dimension) r 的非负矩阵分解如下所示：

$$\boldsymbol{M} = \boldsymbol{A}\boldsymbol{W}$$

其中 $\boldsymbol{A}$ 是 $n \times r$ 的矩阵，$\boldsymbol{W}$ 是 $r \times n$ 的矩阵，并且这两个矩阵的所有元素都是非负的。另外，令 $\boldsymbol{M}$ 的非负秩(nonnegative rank)为使得这种分解存在的 r 的最小值，非负秩表示为 $\text{rank}^{+}(\boldsymbol{M})$。

我们接下来将会说明，将这种分解应用于词-文档矩阵，能够找到更多可解释的主题。除了文本分析以外，它还在机器学习和统计领域有许多其他应用，例如协同过滤和图像分割。现在，让我们具体解释将非负矩阵分解应用于文本分析。假设我们将其应用于词-文档矩阵，可以证明我们总可以用一种方便的规范形式表示它：令 $\boldsymbol{D}$ 是一个对角矩阵，

$$D_{j,j} = \sum_{i=1}^{m} A_{i,j}$$

并进一步假设 $\boldsymbol{D}$ 的每一个元素 $D_{j,j}>0$，那么

声明 2.1.8 令 $\widetilde{\boldsymbol{A}}=\boldsymbol{A}\boldsymbol{D}^{-1}$，$\widetilde{\boldsymbol{W}}=\boldsymbol{D}\boldsymbol{W}$，则有

1) $\widetilde{\boldsymbol{A}}$ 和 $\widetilde{\boldsymbol{W}}$ 的元素都是非负的，且有 $\boldsymbol{M}=\widetilde{\boldsymbol{A}}\widetilde{\boldsymbol{W}}$。

2) $\widetilde{\boldsymbol{A}}$、$\widetilde{\boldsymbol{W}}$ 的每一列相加和都为 1。

我们将这个声明的证明留作练习，这里给出一点提示：第 2 条成立是因为 $\boldsymbol{M}$ 的每一列相加和为 1。

9

因此在不失一般性的情况下，我们可以假设非负矩阵分解 $\boldsymbol{M}=\boldsymbol{A}\boldsymbol{W}$，$\boldsymbol{A}$ 和 $\boldsymbol{W}$ 的每一列相加都为 1。我们可以对这种分解进行如下解释：每一个文档都是单词的分布，已经证明的是：

1) $\boldsymbol{A}$ 的列包含 r 个主题，同时这些列也是单词的分布。

2) 每一个文档 i 的表示 $\boldsymbol{W}_i$ 是 r 个主题的凸组合(convex combination)，这样我们可以恢复其在单词上的原始分布。

接下来我们将要了解为什么非负矩阵分解是 NP-hard 的。那么在实际应用中使用什么方法来计算这样的分解呢？常用的方法是交替最小化(alternating minimization)：

非负矩阵分解的交替最小化算法

输入： $\boldsymbol{M}\in\mathbb{R}^{m\times n}$

输出： $\boldsymbol{M}\approx\boldsymbol{A}^{(N)}\boldsymbol{W}^{(N)}$

随机初始化非负矩阵 $\boldsymbol{A}^{(0)}\in\mathbb{R}^{m\times r}$

对于 $i=1,\cdots,N$

$$\boldsymbol{W}^{(i)}\leftarrow\underset{\boldsymbol{W}}{\operatorname{argmin}}\|\boldsymbol{M}-\boldsymbol{A}^{(i-1)}\boldsymbol{W}\|_F^2\quad \text{s. t.}\ \boldsymbol{W}\geqslant 0$$

$$\boldsymbol{A}^{(i)}\leftarrow\underset{\boldsymbol{A}}{\operatorname{argmin}}\|\boldsymbol{M}-\boldsymbol{A}\boldsymbol{W}^{(i)}\|_F^2\quad \text{s. t.}\ \boldsymbol{A}\geqslant 0$$

结束

交替最小化非常普遍，在本书中我们会多次用到这种方法，并且会发现上述基本方法的一些变体可以用来解决我们感兴趣的实际问题。但是，这种方法仍然没有严格的证明。这种方法可能会因为陷入比全局最优解差很多的局部最优解而失效。而实际上，这种情况是不可避免的，因为非负矩阵分解本身是 NP-hard 的。

但是在很多情况下，可以通过选择合适的随机模型来取得更好的结果，我们可以证明随机模型能够将结果收敛到全局最优解。本书的一个主题是，不要认为在实际应用中似乎有效的启发式方法是不可改变的。因为通过分析这些方法，可以给我们带来新见解，包括它们在什么情况下适用、为什么会适用、在什么情况下可能会出错，以及如何进一步改进这些方法。

10

2.2 代数算法

在上一节中，我们介绍了非负矩阵分解问题及其在机器学习和统计中的一些应用。实际上，由于该问题的代数本质，尚不清楚是否存在可以在有限时间内求解该问题最坏情况的方法。在这里我们将探讨解多项式方程组的一些基本结果，并从中推导非负矩阵分解的算法。

秩与非负秩

根据之前的定义，$\boldsymbol{M}$ 的非负秩 $\text{rank}^+(\boldsymbol{M})$是使非负矩阵分解 $\boldsymbol{M}=\boldsymbol{A}\boldsymbol{W}$ 存在的内维度 r 的最小值。很容易证明下面的定义是等价的：

声明 2.2.1　$\boldsymbol{M}$ 的非负秩 $\text{rank}^+(\boldsymbol{M})$是满足 $\boldsymbol{M}=\sum_i \boldsymbol{M}_i$ 所需的秩为 1 的非负矩阵 $\boldsymbol{M}_i$ 的最少个数 r。

我们现在可以比较秩和非负秩。对于矩阵的秩有很多等价的定义，但最方便比较二者的定义方式如下：

声明 2.2.2　$\boldsymbol{M}$ 的秩 rank($\boldsymbol{M}$)是满足 $\boldsymbol{M}=\sum_i \boldsymbol{M}_i$ 所需的秩为 1 的矩阵 $\boldsymbol{M}_i$ 的最少个数 r。

这两个定义之间唯一的区别是，前者规定分解中的所有秩为 1 的矩阵各元素都要是非负的，但后者没有这个要求。所以，可以推出

事实 2.2.3　$\text{rank}^+(\boldsymbol{M})\geqslant\text{rank}(\boldsymbol{M})$

矩阵的非负秩会比矩阵的秩大得多吗？请读者在继续阅读之前先独立思考这一问题。这个问题等价于：对于非负矩阵 $\boldsymbol{M}$，是否可以在不失一般性的情况下，要求其秩分解(rank decomposition)的各元素也是非负的？对于秩为 1 或 2 的矩阵，这是一定成立的，但……

一般来说，非负秩的大小不能由仅关于秩的任何函数限定。实际上，在理论计算机科学的很多领域里，秩和非负秩之间的关系是一个非常重要的基本问题。幸运的是，可以通过一些简单的例子来说明这二者的差别可以很大：

11

例子　令 $\boldsymbol{M}$ 是一个 $n\times n$ 的矩阵，其中 $M_{ij}=(i-j)^2$。

不难看出，$\boldsymbol{M}$ 的列空间由以下三个向量展开：

$$\begin{bmatrix}1\\1\\\vdots\\1\end{bmatrix},\begin{bmatrix}1\\2\\\vdots\\n\end{bmatrix},\begin{bmatrix}1\\4\\\vdots\\n^2\end{bmatrix}$$

因此，$\mathrm{rank}(\boldsymbol{M}) \leqslant 3$（实际上，$\mathrm{rank}(\boldsymbol{M})=3$）。但是，$\boldsymbol{M}$ 在对角线上含有零，在非对角线上还有非零元素。另外，对于任何秩为 1 的非负矩阵 $\boldsymbol{M}_i$，它的零元素和非零元素的排列形式是组合矩形（combinatorial rectangle），即一组行和列的交点。可以证明至少需要 $\log n$ 个这样的矩形才能够覆盖 $\boldsymbol{M}$ 的非零元素，而不覆盖任何零元素。因此：

事实 2.2.4 $\mathrm{rank}^+(\boldsymbol{M}) \geqslant \log n$

注意：在这个例子中，许多人误认为上述关系有一个更强的下界，比如 $\mathrm{rank}^+(\boldsymbol{M})=n$。实际上（有些出乎意料），可以证明 $\mathrm{rank}^+(\boldsymbol{M}) \leqslant 2\log n$。常见的错误在于，认为矩阵的秩是矩阵线性无关列向量的最大数量 r，非负秩是矩阵中列向量的最大个数 r，使得这组列向量中没有一个列向量是其他列向量的凸组合。实际上这种观点是错误的。

多项式不等式组

我们可以将判定 $\mathrm{rank}^+(\boldsymbol{M}) \leqslant r$ 是否成立的问题，转换为一个特定的多项式不等式组是否有可行解的问题。具体而言，$\mathrm{rank}^+(\boldsymbol{M}) \leqslant r$ 当且仅当存在下面的关系式时有解。

$$\begin{cases} \boldsymbol{M} = \boldsymbol{A}\boldsymbol{W} \\ \boldsymbol{A} \geqslant 0 \\ \boldsymbol{W} \geqslant 0 \end{cases} \tag{2.1}$$

这个方程组由二次等式约束（对于 $\boldsymbol{M}$ 的每一个元素都有一个约束条件）和线性不等式组成，这些不等式要求 $\boldsymbol{A}$ 和 $\boldsymbol{W}$ 都是各元素非负的。在考虑快速算法之前，我们应该问一个更基本的问题（其答案一点也不明显）：

12

问题 1　是否存在有限时间算法来判断 $\text{rank}^+(\boldsymbol{M})\leqslant r$ 是否成立?

这一问题等价于判断上述线性方程组是否有解，难点在于，即使有解，$\boldsymbol{A}$ 和 $\boldsymbol{W}$ 的元素也可能是无理数。与 3-SAT 问题(具有简单的蛮力算法)不同，对于非负矩阵分解问题设计出在有限时间内运行的算法是很困难的。

但事实上，在实际的 RAM 模型中，有一些算法能够在固定的时间内确定一个多项式不等式组是否有解。第一个解多项式不等式组的有限时间算法源自 Tarski 的开创性工作，在此基础上，后续研究又基于更强大的代数分解进行了很多改进。这一系列的工作最终形成了 Renegar 的以下算法：

定理 2.2.5[126]　给定一个由 k 个变量组成的含有 m 个多项式不等式的方程组，它的最大次数为 D，比特复杂度为 L，那么存在一个算法可以判断这个方程组是否有解，时间复杂度为

$$(nDL)^{O(k)}$$

此外，若方程组有解，那么对于每一个变量，它会输出一个多项式和一个区间，在区间中只存在一个根，对应于该变量的解。

注意，这个算法找到了解的隐式表示，你可以通过对根进行二分搜索，找到任意比特数的解。而且，这个算法本质上是最优的，对其改进将得到用于 3-SAT 问题的次指数时间算法(subexponential time algorithm)。

我们可以用这些算法来求解非负矩阵分解，这就意味着存在能够在指数时间内判断 $\text{rank}^+(\boldsymbol{M})\leqslant r$ 是否成立的算法。但是，在最原始的表示形式中，我们需要的变量个数为 $nr+mr$，即对于 $\boldsymbol{A}$ 或 $\boldsymbol{W}$ 中的每一个元素，都需要一个变量。因此，即使 $r=O(1)$，由于

我们需要线性数量的变量，时间复杂度仍然是指数级的。事实证明，虽然简单的表示就用了很多变量，但存在一种更巧妙的使用更少变量的表示方法。

变量压缩

13

在这里，我们探讨能够用更少的变量来表示非负矩阵分解问题的多项式方程组。在文献[13,112]中，Arora 等人和 Moitra 提出了一个含有 $f(r)=2r^2$ 个变量的多项式不等式组，该不等式组有解当且仅当 $\text{rank}^+(\boldsymbol{M})\leqslant r$。这会立即产生计算内维度 r(如果这种分解成立)的非负矩阵分解问题的多项式时间算法，适用条件为 $r=O(1)$。这些算法在最坏的情况下基本是最优的，在这项工作之前，即使在 $r=4$ 的情况下，最好的算法也需要指数时间。

我们将重点讨论一种特殊情况，以说明变量压缩(variable reduction)背后的基本思想。假设 $\text{rank}(\boldsymbol{M})=r$，我们的目标是确定 $\text{rank}^+(\boldsymbol{M})=r$ 是否成立，这被称为单纯形分解问题(simplicial factorization problem)。我们能否找到一个可以使用更少的变量来表达这个问题的多项式不等式组呢？基于以下观察，这是可能的。

声明 2.2.6 *在单纯形分解问题的所有解中，$\boldsymbol{A}$ 和 $\boldsymbol{W}$ 必须分别列满秩和行满秩。*

证明：如果 $\boldsymbol{M}=\boldsymbol{A}\boldsymbol{W}$，那么 $\boldsymbol{A}$ 的列向量的张成空间一定包含 $\boldsymbol{M}$ 的列向量；类似地，$\boldsymbol{W}$ 的行向量的张成空间一定包含 $\boldsymbol{M}$ 的行向量。由于 $\text{rank}(\boldsymbol{M})=r$，我们得出结论，$\boldsymbol{A}$ 和 $\boldsymbol{W}$ 必须分别具有 r 个线性无关的列和行。由于 $\boldsymbol{A}$ 具有 r 个列，$\boldsymbol{W}$ 具有 r 个行，所以该声明成立。 ■

因此我们知道 $\boldsymbol{A}$ 具有左伪逆矩阵 $\boldsymbol{A}^+$，$\boldsymbol{W}$ 具有右伪逆矩阵 $\boldsymbol{W}^+$，使得 $\boldsymbol{A}^+\boldsymbol{A}=\boldsymbol{W}\boldsymbol{W}^+\boldsymbol{I}_r$，其中 $\boldsymbol{I}_r$ 是 $r\times r$ 的单位矩阵。我们将利用伪逆

矩阵来减少多项式不等式组中变量的个数。有以下关系：

$$\boldsymbol{A}^{+}\boldsymbol{A}\boldsymbol{W}=\boldsymbol{W}$$

所以我们可以通过对 $\boldsymbol{M}$ 的列向量做线性变换，得到 $\boldsymbol{W}$ 的列向量。类似地，我们可以对 $\boldsymbol{M}$ 的行向量做线性变换，得到 $\boldsymbol{A}$ 的行向量。于是有以下多项式不等式组：

$$\begin{cases}\boldsymbol{M}\boldsymbol{W}^{+}\boldsymbol{A}^{+}\boldsymbol{M}=\boldsymbol{M}\\ \boldsymbol{M}\boldsymbol{W}^{+}\geqslant 0\\ \boldsymbol{A}^{+}\boldsymbol{M}\geqslant 0\end{cases}\tag{2.2}$$

由于这个方程组仍然需要有 $nr+mr$ 个变量，分别对应于 $\boldsymbol{A}^{+}$ 和 $\boldsymbol{W}^{+}$ 的元素，我们尚不清楚这种表示方式是否有进步。然而，考虑矩阵 $\boldsymbol{M}\boldsymbol{W}^{+}$。如果将 $\boldsymbol{S}^{+}$ 表示为一个 $n\times r$ 的矩阵，那么我们将描述其对所有向量的作用，但考虑到只需要知道 $\boldsymbol{S}^{+}$ 如何作用于 $\boldsymbol{M}$ 的行向量，其中这些行向量张成一个 r 维的空间。因此，我们可以把基改为

14

$$\boldsymbol{M}_{C}=\boldsymbol{M}\boldsymbol{U}$$

其中 $\boldsymbol{U}$ 是一个 $n\times r$ 的矩阵，它有右伪逆矩阵。类似地，可以有

$$\boldsymbol{M}_{R}=\boldsymbol{V}\boldsymbol{M}$$

其中 $\boldsymbol{V}$ 是一个 $r\times m$ 的矩阵，它有左伪逆矩阵。现在我们可以得到一个新的方程组：

$$\begin{cases}\boldsymbol{M}_{C}\boldsymbol{S}\boldsymbol{T}\boldsymbol{M}_{R}=\boldsymbol{M}\\ \boldsymbol{M}_{C}\boldsymbol{S}\geqslant 0\\ \boldsymbol{T}\boldsymbol{M}_{R}\geqslant 0\end{cases}\tag{2.3}$$

注意 $\boldsymbol{S}$ 和 $\boldsymbol{T}$ 都是 $r\times r$ 矩阵，因此总共有 $2r^{2}$ 个变量。而且，根据以下声明，该公式等价于单纯形分解问题：

声明 2.2.7 如果 $\mathrm{rank}(\boldsymbol{M})=\mathrm{rank}^{+}(\boldsymbol{M})=r$，那么式(2.3)有解。

证明：使用上面的符号，我们可以设 $\boldsymbol{S}=\boldsymbol{U}^{+}\boldsymbol{W}^{+}$，$\boldsymbol{T}=\boldsymbol{A}^{+}\boldsymbol{V}^{+}$，那么 $\boldsymbol{M}_C\boldsymbol{S}=\boldsymbol{M}\boldsymbol{U}\boldsymbol{U}^{+}\boldsymbol{W}^{+}=\boldsymbol{A}$，类似地，有 $\boldsymbol{T}\boldsymbol{M}_R=\boldsymbol{A}^{+}\boldsymbol{V}^{+}\boldsymbol{V}\boldsymbol{M}=\boldsymbol{W}$，所以这个声明成立。 ■

这通常被称为完备性(completeness)，因为如果原问题有解，我们希望重构问题存在可行解。我们还需要证明可靠性(soundness)，即重构问题的任意解都是原问题的可行解。

声明 2.2.8 如果式(2.3)有解，那么式(2.1)有解。

证明：对于式(2.3)的任意解，我们可以令 $\boldsymbol{A}=\boldsymbol{M}_C\boldsymbol{S}$，$\boldsymbol{W}=\boldsymbol{T}\boldsymbol{M}_R$，则有 $\boldsymbol{A},\boldsymbol{W}\geqslant 0$，且 $\boldsymbol{M}=\boldsymbol{A}\boldsymbol{W}$。 ■

事实上，将上述思想扩展到一般的非负矩阵分解问题是很复杂的。文献[112]的主要思想是首先为非负矩阵分解建立新的范式，并利用以下观察：即使 $\boldsymbol{A}$ 的线性无关列向量的最大集合可能是指数级的，但它们的伪逆矩阵代数相关，并且可以利用 Cramer 法则，在一组含有 r^2 个变量的集合上表示它们的关系。此外，Arora 等人[13]证明，能够在 $(nm)^{O(r)}$ 时间内解决单纯形分解问题的任意算法，都会产生针对 3-SAT 问题的次指数时间算法。因此，在标准复杂度假设(standard complexity assumption)下，上述算法几乎是最优的。

15

进一步说明

在本节前面我们给出了一个简单的例子，用以说明秩和非负秩之间的分割(separation)。事实上，在理论计算机科学领域中，有很多关于分割的有趣例子，其中一个自然的问题是表示一个 n 维多胞形(polytope)$\boldsymbol{P}$，使 $\boldsymbol{P}$ 是更高维度的多胞形 $\boldsymbol{Q}$ 的投影，且 $\boldsymbol{P}$ 的面数为指数级，$\boldsymbol{Q}$ 的面数为多项式级。这被称作扩展表述(extended formulation)，Yannakakis 的一个深层次结果是，满足这种关系的 $\boldsymbol{Q}$ 的最小面数，也称 $\boldsymbol{P}$ 的扩展复杂度(extension complexity)，恰好等于与 $\boldsymbol{P}$ 的顶点和面之间的几何排列有关的矩阵的非负秩[144]。那么，存在扩展复杂度为指数级的多胞形 $\boldsymbol{P}$ 的事实，与发现秩和非负秩之间存在较大分割的矩阵密切相关。

此外，非负秩在通信复杂度(communication complexity)中也具有重要的应用，其中最重要的开放性问题之一——对数秩猜想(log-rank conjecture)[108]可以被重新表达为：给定一个布尔矩阵 $\boldsymbol{M}$，$\log \text{rank}^{+}(\boldsymbol{M}) \leqslant (\log \text{rank}(\boldsymbol{M}))^{O(1)}$ 是否成立？因此，在上面的例子中，非负秩不能被任何关于秩的函数所约束，可能是由于矩阵 $\boldsymbol{M}$ 的元素取了许多不同的值。

2.3 稳定性和可分离性

在这里，我们将给出非负矩阵分解问题几何(而非代数)上的解释，这将为我们提供新的见解，说明为什么非负矩阵分解问题在最坏情况下是困难的，以及什么样的特征能让这个问题变得简单。特别地，我们将不仅仅局限于最坏情况的分析，并基于称为可分离性的新假设，给出该问题的多项式时间算法(即使对于较大的 r 值也成立)。最初引入该假设是为了理解非负矩阵分解问题具有唯一解的条件[65]，这是算法设计问题中的常见思想。

思想 1 通过寻找具有唯一解和鲁棒性解的情况，我们往往会找到该问题中，可以设计出可证明的算法的情况，尽管可能有最高复杂性。

16

锥和中间单纯形

首先我们将介绍非负矩阵分解问题几何上的基本认识，再次讨论上一节中提到的称为单纯形分解的重要特例。首先，让我们介绍一下锥(cone)的概念。

定义 2.3.1 设 $\boldsymbol{A}$ 是一个 $m\times r$ 的矩阵，由 $\boldsymbol{A}$ 的列向量生成的锥为

$$\mathcal{C}_A=\{\boldsymbol{Ax}\mid \boldsymbol{x}\geqslant 0\}$$

我们可以将其与非负矩阵分解联系在一起。

声明 2.3.2 给定 $m\times n$ 的矩阵 $\boldsymbol{M}$，$m\times r$ 的矩阵 $\boldsymbol{A}$，存在一个 $r\times n$ 的非负矩阵 $\boldsymbol{W}$，使得 $\boldsymbol{M}=\boldsymbol{AW}$，当且仅当 $\mathcal{C}_M\subseteq\mathcal{C}_A$。

证明：

$\Rightarrow$：假设 $\boldsymbol{M}=\boldsymbol{AW}$，且 $\boldsymbol{W}$ 是非负矩阵。任意向量 $\boldsymbol{y}\in\mathcal{C}_M$ 都可被表示成 $\boldsymbol{y}=\boldsymbol{Mx}$，其中 $\boldsymbol{x}\geqslant 0$，则有 $\boldsymbol{y}=\boldsymbol{AWx}$，且向量 $\boldsymbol{Wx}\geqslant 0$，因此 $\boldsymbol{y}\in\mathcal{C}_A$。

$\Leftarrow$：假设 $\mathcal{C}_M\subseteq\mathcal{C}_A$，则对任意的列向量 $\boldsymbol{M}_i$，有 $\boldsymbol{M}_i\in\mathcal{C}_A$，且可以表示成 $\boldsymbol{M}_i=\boldsymbol{AW}_i$，其中 $\boldsymbol{W}_i\geqslant 0$。于是，可以令矩阵 $\boldsymbol{W}$ 的列向量为 $\{\boldsymbol{W}_i\}_i$。证明完毕。 ■

非负矩阵分解问题的难点是 $\boldsymbol{A}$ 和 $\boldsymbol{W}$ 都是未知的。如果二者中有一个已知，比如已知 $\boldsymbol{A}$，那么我们可以通过线性规划求解另一个，即通过 $\mathcal{C}_A$ 表示 $\boldsymbol{M}$ 的每一列。

Vavasis[139]是第一个提出单纯形分解问题的人，他的动机之一是发现这个问题和在两个给定的多胞形之间拟合一个单纯形的纯几何问题相关联。这就是所谓的中间单纯形问题(intermediate simplex problem)：

定义 2.3.3 中间单纯形问题由 $\boldsymbol{P}$ 和 $\boldsymbol{Q}$ 组成，其中 $\boldsymbol{P}\subseteq\boldsymbol{Q}\subseteq\mathbb{R}^{r-1}$，$\boldsymbol{P}$ 由其顶点确定，$\boldsymbol{Q}$ 由其面确定。问题的目标是找到一个单纯形 $\boldsymbol{K}$，使得 $\boldsymbol{P}\subseteq\boldsymbol{K}\subseteq\boldsymbol{Q}$。

在下一节中，我们将证明单纯形分解问题和中间单纯形问题是等价的。

归约

我们将说明，单纯形分解问题可被多项式时间归约到中间单纯形问题，反之亦然，因此从中我们可证明这两个问题是等价的。我们将通过几个中间问题来证明它。

17

假设我们给出一个单纯形分解问题，表示为 $\boldsymbol{M}=\boldsymbol{UV}$，其中矩阵 $\boldsymbol{U}$、$\boldsymbol{V}$ 的内维度为 r，但它们各元素不一定非负。如果我们能找到一个 $r\times r$ 的可逆矩阵 $\boldsymbol{T}$，使得 $\boldsymbol{UT}$ 和 $\boldsymbol{T}^{-1}\boldsymbol{V}$ 各元素都非负，那么我们就找到了一个有效的内维度为 r 的非负矩阵分解。

声明 2.3.4 如果 $\operatorname{rank}(\boldsymbol{M})=r$，并且 $\boldsymbol{M}=\boldsymbol{UV}$，$\boldsymbol{M}=\boldsymbol{AW}$ 是两个内维度为 r 的分解，那么

1) $\operatorname{colspan}(\boldsymbol{U})=\operatorname{colspan}(\boldsymbol{A})=\operatorname{colspan}(\boldsymbol{M})$
2) $\operatorname{rowspan}(\boldsymbol{V})=\operatorname{rowspan}(\boldsymbol{W})=\operatorname{rowspan}(\boldsymbol{M})$

这是线性代数中的基本关系，意味着任意两个这样的分解 $\boldsymbol{M}=\boldsymbol{UV}$ 和 $\boldsymbol{M}=\boldsymbol{AW}$ 可以通过可逆的 $r\times r$ 矩阵 $\boldsymbol{T}$ 相互线性变换。因此中间单纯形问题等价于以下定义。

定义 2.3.5 问题 **P1** 由秩为 r 的 $m\times n$ 的非负矩阵 $\boldsymbol{M}$ 和内维度为 r 的分解 $\boldsymbol{M}=\boldsymbol{UV}$ 构成。该问题的目标是找到一个 $r\times r$ 的可逆矩阵，使得 $\boldsymbol{UT}$ 和 $\boldsymbol{T}^{-1}\boldsymbol{V}$ 都是非负矩阵。

提醒：事实上仅针对单纯形分解，可以从一个任意分解开始，轻松地将其变换为具有最小内维度的非负矩阵分解。但是在 $\text{rank}(\boldsymbol{M}) < \text{rank}^{+}(\boldsymbol{M})$ 的情况下，这一点通常很难做到。

现在我们可以给出 **P1** 的几何说明：

1）令 $\boldsymbol{u}_1, \boldsymbol{u}_2, \cdots, \boldsymbol{u}_m$ 是 $\boldsymbol{U}$ 的行向量。

2）令 $\boldsymbol{t}_1, \boldsymbol{t}_2, \cdots, \boldsymbol{t}_r$ 是 $\boldsymbol{T}$ 的列向量。

3）令 $\boldsymbol{v}_1, \boldsymbol{v}_2, \cdots, \boldsymbol{v}_n$ 是 $\mathbf{V}$ 的列向量。

我们首先会处理中间锥问题(intermediate cone problem)，随后将说明其与中间单纯形问题的联系。为此，令 $\boldsymbol{P}$ 为由 $\boldsymbol{u}_1, \boldsymbol{u}_2, \cdots, \boldsymbol{u}_m$ 生成的锥，令 $\boldsymbol{K}$ 为由 $\boldsymbol{t}_1, \boldsymbol{t}_2, \cdots, \boldsymbol{t}_r$ 生成的锥。最后，令 $\boldsymbol{Q}$ 为如下所定义的锥：

$$\boldsymbol{Q} = \{\boldsymbol{x} \mid \langle \boldsymbol{u}_i, \boldsymbol{x} \rangle \geqslant 0 \quad \forall i\}$$

不难看出 $\boldsymbol{Q}$ 是由一组向量集合的非负组合生成的锥，这组集合包含有限个向量(它的端射线(extreme ray))。但是我们选择用它的通过原点的支撑超平面(supporting hyperplane)来表示 $\boldsymbol{Q}$。 18

声明 2.3.6 $\boldsymbol{UT}$ 各元素非负当且仅当 $\{\boldsymbol{t}_1, \boldsymbol{t}_2, \cdots, \boldsymbol{t}_r\} \subseteq \boldsymbol{Q}$。

这一结论从 $\boldsymbol{Q}$ 的定义立即可以得到，因为 $\boldsymbol{U}$ 的行向量是 $\boldsymbol{Q}$ 的通过原点的支撑超平面。因此，可以立即得到我们对约束 $\boldsymbol{UT}$ 有几何上的重构，使其在 **P1** 中各元素非负。接下来，我们会说明另一个约束 $\boldsymbol{T}^{-1}\mathbf{V}$ 也是各元素非负的。

声明 2.3.7 $\boldsymbol{T}^{-1}\mathbf{V}$ 各元素非负当且仅当 $\{\boldsymbol{v}_1, \boldsymbol{v}_2, \cdots, \boldsymbol{v}_m\} \subseteq \boldsymbol{K}$。

证明：若 $\boldsymbol{x}_i = \boldsymbol{T}^{-1}\boldsymbol{v}_i$，那么 $\boldsymbol{T}\boldsymbol{x}_i = \boldsymbol{T}(\boldsymbol{T}^{-1})\boldsymbol{v}_i = \boldsymbol{v}_i$，因此 $\boldsymbol{x}_i$ 是 $\boldsymbol{v}_i$ 在由 $\{\boldsymbol{t}_1, \boldsymbol{t}_2, \cdots, \boldsymbol{t}_r\}$ 的线性组合生成的空间上的表示。另外，这种表示方式唯一。证明完毕。 ■

因此，**P1** 等价于接下来的问题：

定义 2.3.8　中间锥问题包含锥 $\boldsymbol{P}$ 和 $\boldsymbol{Q}$，且 $\boldsymbol{P}\subseteq\boldsymbol{Q}\subseteq\mathbb{R}^{r-1}$，其中 $\boldsymbol{P}$ 由它的端射线确定，$\boldsymbol{Q}$ 由它通过原点的支撑超平面确定。问题的目标是找到一个具有 r 个端射线的锥 $\boldsymbol{K}$，且满足 $\boldsymbol{P}\subseteq\boldsymbol{K}\subseteq\boldsymbol{Q}$。

此外，通过将锥与超平面相交，容易看出中间锥问题与中间单纯形问题等价。在这种情况下，具有端射线的锥成了这些射线与超平面相交部分的凸包(convex hull)。

几何基本结构

Vavasis 利用前一小节所述的等价关系构建了一个几何基本结构(geometric gadget)，证明非负矩阵分解问题是 NP-hard 的。其想法是构造一个二维基本结构，使得其中只可能有两个中间三角形(intermediate triangle)，可以用来表示变量 $\boldsymbol{x}_i$ 的真值。具体的叙述和证明过程见文献[139]。

定理 2.3.9[139]　非负矩阵分解、单纯形分解、中间单纯形、中间锥和 **P1** 都是 NP-hard 问题。

Arora 等人[13]通过构造低维基本结构，在此基础上进行改进，这使得这一问题可以从 d-SUM 问题中归约。在 d-SUM 问题中，我们已知包含 n 个数字的集合，目标是从中找到包含 d 个数字的集合，使得这个集合的和为零。这个问题的最知名算法的时间复杂度约为 $n^{\lceil d/2\rceil}$，完整的证明过程可在参考文献中查询。

19

定理 2.3.10　非负矩阵分解、单纯形分解、中间单纯形、中间锥和 **P1** 的计算所需时间至少为 $(nm)^{\Omega(r)}$，除非 3-SAT 问题存在次指数时间算法。

在我们将涉及的所有内容中，理解什么是问题的难点是很重要的，这样才能够确定什么使问题变得更容易。上述所有基本结构的共同特征是，基本结构本身非常不稳定，并且有多个解。因此通过寻找具有鲁棒性、唯一性的解的条件，来确定相比于最坏的情况，能够有效求解的条件是合理的。

可分离性

事实上，Donoho 和 Stodden[64]最先探索了在何种条件下具有最小内维度的非负矩阵分解是唯一的。他们最初用图像分割中的问题作为例子解释适用条件，但文本分析问题同样可以用于解释这种条件。

定义 2.3.11 $\boldsymbol{A}$ 是可分离的(separable)，如果对于 $\boldsymbol{A}$ 的每一列 i，都存在一行 j，使得唯一的非零元素在第 i 列。此外，我们称 j 是列 i 的一个锚定词(anchor word)。

事实上，可分离性(separability)在文本分析中是很自然的概念。回想一下，我们将 $\boldsymbol{A}$ 的列称作主题，可以认为可分离性确保这些主题带有锚定词。非正式地，每一个主题都存在一个未知的锚定词，如果该词出现在文档中，则该文档在一定程度上是关于特定主题的。例如，401k 可以作为个人理财主题下的锚定词。自然语言中似乎包含了很多类似这样的专属词汇。

现在，我们将提供一种算法，用于寻找锚定词，并解决一种特殊情况下的非负矩阵分解问题，其中未知的 $\boldsymbol{A}$ 可在多项式时间内分离。

定理 2.3.12[13] 如果 $\boldsymbol{M}=\boldsymbol{A}\boldsymbol{W}$ 且 $\boldsymbol{A}$ 是可分离的，$\boldsymbol{W}$ 行满秩，那么**锚定词算法**(anchor words algorithm)的输出结果是经过缩放的 $\boldsymbol{A}$ 和 $\boldsymbol{W}$。

为什么锚定词有帮助？不难看出如果$\boldsymbol{A}$是可分离的，那么$\boldsymbol{W}$的行向量为经过缩放后的$\boldsymbol{M}$的行向量。因此，我们只需要确定$\boldsymbol{M}$的行和锚定词之间的对应关系。从2.3节的讨论中我们知道，如果我们对$\boldsymbol{M}$、$\boldsymbol{A}$和$\boldsymbol{W}$进行缩放，使得它们的行向量之和都为1，则$\boldsymbol{W}$行向量的凸包将包含$\boldsymbol{M}$的行向量。但是由于这些行也在$\boldsymbol{M}$中，我们可以通过反复删除$\boldsymbol{M}$中不改变凸包的行向量来得到$\boldsymbol{W}$。

20

令$\boldsymbol{M}^i$代表$\boldsymbol{M}$的第i行，$\boldsymbol{M}^I$代表$\boldsymbol{M}$对于I中行向量的约束，其中$I\subseteq[n]$。我们可以通过如下的简单过程找到锚定词。

寻找锚定[13]

输入：满足定理2.3.12限制条件的矩阵$\boldsymbol{M}\in\mathbb{R}^{m\times n}$

输出：$\boldsymbol{W}=\boldsymbol{M}^I$

删去冗余的行：

令$I=[n]$

对于$i=1,2,\cdots,n$：

　　如果$\boldsymbol{M}^i\in\operatorname{conv}(\{\boldsymbol{M}^j \mid j\in I,\ j\neq i\})$

　　　　$I\leftarrow I-\{i\}$

结束

在第一步中，我们想要删去冗余的行。如果有两行之间是倍数关系，那么若其中一行在由$\boldsymbol{W}$的行生成的锥中，则意味着另一行也在这个锥中。所以，我们可以删去两行中的任意一行。我们对所有的行都执行同样的操作，使得对于所有相互成倍数关系的行，只保留其中一行。但在我们的讨论中，我们不会专注于这部分细节。

不难看出，删除$\boldsymbol{M}$中不是锚定词的行，不会改变剩余行组成的凸包，因此上述算法以仅包含锚定词的集合I终止。而且，在终止

时有

$$\mathrm{conv}(\{\boldsymbol{M}^i \mid i \in I\}) = \mathrm{conv}(\{\boldsymbol{M}^j\}_j)$$

由于最终的凸包和开始阶段相同，因此所删掉的锚定词也是冗余的，我们并不需要这一部分。

锚定词[13]

输入：满足定理 2.3.12 限制条件的矩阵 $\boldsymbol{M} \in \mathbb{R}^{n \times m}$

输出：$\boldsymbol{A}$、$\boldsymbol{W}$

对矩阵 $\boldsymbol{M}$ 执行**寻找锚定算法**，令 $\boldsymbol{W}$ 为算法输出

求解使 $\|\boldsymbol{M}-\boldsymbol{A}\boldsymbol{W}\|_F$ 最小的非负矩阵 $\boldsymbol{A}$（凸规划）

结束

21

从上述寻找锚定算法的正确性，可以推导出该定理，并且 $\mathrm{conv}(\{\boldsymbol{M}^i\}_i) \subseteq \mathrm{conv}(\{\boldsymbol{W}^i\}_i)$ 当且仅当存在一个非负矩阵 $\boldsymbol{A}$（所有行向量之和均为 1），满足 $\boldsymbol{M}=\boldsymbol{A}\boldsymbol{W}$。

上述算法如果不经优化，计算速度会很慢。该算法目前已经有了很多的改进（文献[33,78,100]），我们会重点讲述文献[12]中的算法。假设我们随机选取一个行 $\boldsymbol{M}^i$，容易看出，距离 $\boldsymbol{M}^i$ 最远的行是锚定词。

类似地，如果我们已经找到了一个锚定词，距离它最远的行会是另一个锚定词，以此类推。这样，我们可以找出所有锚定行。而且此方法仅依赖于两两之间的距离和投影，因此我们可以在执行这个贪心算法之前，先进行降维处理。这避免了上述算法第一步中同时运用的线性规划，而且第二步的计算也将变快，因为它将点投影到 $k-1$ 维单纯形中。

2.4 主题模型

在本节中，我们将用随机模型来生成文档。这些模型被称为主题模型(topic model)，我们的目标是学习它们的参数。主题模型的类型有很多，但是都可以用以下框架来表示：

抽象主题模型[13]

参数：主题矩阵 $\boldsymbol{A}\in\mathbb{R}^{m\times r}$，单纯形分布 $\mu\in\mathbb{R}^{r}$

对于 $i=1,2,\cdots,n$：

　　从分布 μ 中抽取 $\boldsymbol{W}_i$

　　对分布 $\boldsymbol{AW}_i$ 采用独立同分布采样生成 L 个单词

结束

这一过程生成了 n 个长度为 L 的文档，我们的目标是通过观察这个模型的样本来推断 $\boldsymbol{A}$(和 μ)。令 $\widetilde{\boldsymbol{M}}$ 是观察到的词-文档矩阵，我们将用这个符号来区分它及其期望：

$$\mathbb{E}[\widetilde{\boldsymbol{M}}\mid\boldsymbol{W}]=\boldsymbol{M}=\boldsymbol{AW}$$

在非负矩阵分解的情况下，我们会给定 $\boldsymbol{M}$ 而不是 $\widetilde{\boldsymbol{M}}$，这两个矩阵的差别可以很大。因此，即便每个文档被描述为单词的分布，我们也只能通过 L 个样本，对这种分布有部分的了解。我们的目标是设计在这些具有挑战性的模型中也可以确保有效的算法。

22

需要注意，该模型包含许多已经被深入研究的主题模型。它们全部对应于 μ 的不同选择方式，其中 μ 是用于生成 $\boldsymbol{W}$ 的列的分布。一些最常见的变体是：

1）**纯主题模型**（pure topic model）：每个文档仅涉及一个主题，因此 μ 是单纯形顶点的分布，并且 $\boldsymbol{W}$ 中的每一列只有一个非零元素。

2）**隐狄利克雷分配**（Latent Dirichlet Allocation，LDA）[36]：μ 是狄利克雷分布。具体来说，可以通过从 r 个 gamma 分布（这些分布可以不同）获取独立样本，然后归一化使它们的和为 1，从而从狄利克雷分布中生成一个样本。这种主题模型允许文档有多个主题，但是它的参数通常被设定为适合相对稀疏的向量 $\boldsymbol{W}_i$。

3）**相关主题模型**（correlated topic model）[35]：允许某些主题对呈正相关或负相关，并且 μ 被限定为对数正态分布。

4）**Pachinko 分配模型**（Pachinko allocation model）[105]：这是 LDA 模型的多级泛化形式，它允许主题间结构化相关。

在本节中，我们将应用我们的可分离非负矩阵分解算法来学习任意主题模型的参数，用于主题矩阵可分离的主题模型。因此，即便在主题之间存在复杂关系的情况下，该算法也将适用。

Gram 矩阵

在本小节中，我们将介绍两种矩阵，分别为 Gram 矩阵 $\boldsymbol{G}$ 和主题共现矩阵（topic co-occurrence matrix）$\boldsymbol{R}$。这两种矩阵的元素由不同事件的概率定义。在本节中，我们会一直考虑如下的操作：从抽象主题模型生成一个文档，并令 w_1 和 w_2 分别表示其第一个单词和第二个单词的随机变量。我们接下来可以定义 Gram 矩阵：

定义 2.4.1 令 $\boldsymbol{G}$ 表示 $m\times m$ 的矩阵，其中

$$G_{j,j'} = \mathbb{P}[w_1 = j, w_2 = j']$$

另外，对于每一个单词，我们可以通过采样 $\boldsymbol{W}_i$，来选择从 $\boldsymbol{A}$ 的哪一列进行采样，而不是从 $\boldsymbol{AW}_i$ 采样。此过程仍然会从与 $\boldsymbol{AW}_i$ 相

23

同的分布中产生随机样本，但是每一个单词 $w_1=j$ 都标注了来源的主题，比如 $t_1=i$ 可表示单词从 $\boldsymbol{A}$ 的哪一列抽取。接下来我们可以定义主题共现矩阵：

定义 2.4.2 令 $\boldsymbol{R}$ 为 $r\times r$ 矩阵，其中

$$R_{i,i'}=\mathbb{P}[t_1=i,\ t_2=i']$$

注意，我们可以直接从抽取的样本估计 $\boldsymbol{G}$ 的元素，但是我们不能直接估计 $\boldsymbol{R}$ 的元素。不过，这两个矩阵可以通过如下恒等式联系起来：

引理 2.4.3 $\boldsymbol{G}=\boldsymbol{A}\boldsymbol{R}\boldsymbol{A}^{\mathrm{T}}$

证明：

$$\begin{aligned}
G_{j,j'}&=\mathbb{P}[w_1=j,w_2=j']\\
&=\sum_{i,i'}\mathbb{P}[w_1=j,w_2=j'\mid t_1=i,t_2=i']\mathbb{P}[t_1=i,t_2=i']\\
&=\sum_{i,i'}\mathbb{P}[w_1=j\mid t_1=i]\mathbb{P}[w_2=j'\mid t_2=i']\mathbb{P}[t_1=i,t_2=i']\\
&=\sum_{i,i'}A_{j,i}A_{j',i'}R_{i,i'}
\end{aligned}$$

倒数第二行到最后一行相等的原因是，根据 w_1 和 w_2 的主题，它们从矩阵 $\boldsymbol{A}$ 相对应的列的采样是独立的，证明完成。

一个重要的观察结果是 $\boldsymbol{G}=\boldsymbol{A}(\boldsymbol{R}\boldsymbol{A}^{\mathrm{T}})$，其中 $\boldsymbol{A}$ 是可分离的，$\boldsymbol{R}\boldsymbol{A}^{\mathrm{T}}$ 是非负的。因此，如果我们将 $\boldsymbol{G}$ 归一化，使其每一行的和都为 1，锚定词将是所有行的凸包的端点(extreme point)，并且可以通过可分离的非负矩阵分解算法来识别。我们可以推断出 $\boldsymbol{A}$ 的剩余部分吗？

通过贝叶斯规则恢复

考虑后验分布 $\mathbb{P}[t_1 \mid w_1=j]$。这是在不知道文档其他信息的情况下，根据 $w_1=j$ 的条件，得到主题的后验分布。后验分布是对 $\mathbf{A}$ 的归一化处理，使得所有的行相加都为 1。假设 j 是主题 i 的锚定词，我们将其表示为 $j=\pi(i)$。容易看到：

$$\mathbb{P}[t_1 = i' \mid w_1 = \pi(i)] = \begin{cases} 1 & i' = i \\ 0 & \text{其他} \end{cases}$$

24

随后我们可以展开得到：

$$\begin{aligned} & \mathbb{P}[w_1 = j \mid w_2 = j'] \\ = & \sum_{i'} \mathbb{P}[w_1 = j \mid w_2 = j', t_2 = i'] \mathbb{P}[t_2 = i' \mid w_2 = j'] \\ = & \sum_{i'} \mathbb{P}[w_1 = j \mid t_2 = i'] \mathbb{P}[t_2 = i' \mid w_2 = j'] \end{aligned}$$

在上面的最后一行中，我们使用了如下相等关系：

声明 2.4.4 $\mathbb{P}[w_1=j \mid w_2=j',\ t_2=i']=\mathbb{P}[w_1=j \mid t_2=i']$

我们把该证明留给读者作为练习。我们也会使用如下相等关系：

声明 2.4.5 $\mathbb{P}[w_1=j \mid t_2=i']=\mathbb{P}[w_1=j \mid w_2=\pi(i')]$

证明：

$$\begin{aligned} & \mathbb{P}[w_1 = j \mid w_2 = \pi(i')] \\ = & \sum_{i''} \mathbb{P}[w_1 = j \mid w_2 = \pi(i'), t_2 = i''] \mathbb{P}[t_2 = i'' \mid w_2 = \pi(i')] \\ = & \mathbb{P}[w_1 = j \mid w_2 = \pi(i'), t_2 = i'] \end{aligned}$$

上述最后一行成立是因为在 w_2 是主题 i' 的锚定词的条件下，主题 $t_2=i''$ 的后验分布等于1，当且仅当 $i''=i'$。最后，该证明也运用了声明2.4.4。■

接下来我们可以得到：

$$\begin{aligned}&\mathbb{P}[w_1=j \mid w_2=j'] \\ &=\sum_{i'}\mathbb{P}[w_1=j \mid w_2=\pi(i')]\underbrace{\mathbb{P}[t_2=i' \mid w_2=j']}_{\text{未知}}\end{aligned}$$

因此这是一个关于变量 $\mathbb{P}[w_1=j \mid w_2=\pi(i')]$ 的线性方程组，不难发现 $\boldsymbol{R}$ 满秩，所以它有唯一解。

最后，根据贝叶斯定理，我们可以计算 $\boldsymbol{A}$ 的元素：

$$\begin{aligned}\mathbb{P}[w=j \mid t=i]&=\frac{\mathbb{P}[t=i \mid w=j]\mathbb{P}[w=j]}{\mathbb{P}[t=i]}\\ &=\frac{\mathbb{P}[t=i \mid w=j]\mathbb{P}[w=j]}{\sum_{j'}\mathbb{P}[t=i \mid w=j']\mathbb{P}[w=j']}\end{aligned}$$

25　最终，我们可以得到以下算法：

恢复[12,14]

输入： 词-文档矩阵 $\boldsymbol{M}\in\mathbb{R}^{n\times m}$

输出： $\boldsymbol{A}$、$\boldsymbol{R}$

计算 Gram 矩阵 $\boldsymbol{G}$

利用**可分离非负矩阵分解算法**计算锚定词

求解 $\mathbb{P}[t=i \mid w=j]$

通过贝叶斯规则计算 $\mathbb{P}[w=j \mid t=i]$

定理2.4.6[14]　如果 $\boldsymbol{R}$ 满秩，则对于任意可分离的主题模型，都存在学习主题矩阵的多项式时间算法。

结论 2.4.7 该算法的时间复杂度和样本复杂度(sample complexity)取决于 m、n、r、$\sigma_{\min}(R)$、p、$1/\varepsilon$、$\log 1/\delta$，其中 p 是每一个锚定词概率的下界，ε 是目标精度，δ 是失败概率。

注意该算法也适用于短文档，甚至在 $L=2$ 的条件下也成立。

实验结果

现在我们有了可证明的非负矩阵分解和可分离性下的主题建模算法。但在实际应用中，主题模型是可分离的还是近似可分离的呢？请考虑如下实验：

1) **UCI 数据集**：包含 300 000 篇 *New York Times* 的文章。

2) **MALLET**：一个常用的主题建模工具包。

我们在 UCI 数据集上训练 MALLET，在 $r=200$ 的情况下，大约 90%的主题有一个近似锚定词，即该单词在某些主题上，$\mathbb{P}[t=i \mid w=j] \geq 0.9$。确实，我们可以证明算法的适用条件存在一定程度的误差，如偏离可分离性假设。但是对于这么多建模误差的情况，这些算法也适用吗?

随后我们额外进行了如下实验：

1) 在 UCI 数据集上使用 MALLET，学习一个主题矩阵($r=200$)。

2) 利用 LDA 模型，从 $\boldsymbol{A}$ 生成一组新的文档。

3) 在新生成的文档上运用 MALLET 和我们的算法，并将这些输出与真实值进行比较。具体来说，计算各列的估计值和真实值之间的最小匹配成本(minimum cost matching)。

26

需要注意，这个实验偏离了我们的算法。我们在将发现隐藏主题的能力(在主题矩阵仅接近可分离的情况下)和 MALLET 再次找到其自身输出的能力进行比较。有了足够的文档，我们会发现它将更准确，计算速度也会更快。这种新算法能使我们探索比以往数据量更大的文档集。

2.5 练习

问题 2-1 下面各项中哪些是非负秩的等价定义？对于每一项，请提供证明或反例。

(a) 所需秩为 1 的非负矩阵的最少个数 r，使得 $\boldsymbol{M}$ 可以表示为这些矩阵的和。

(b) 所需非负向量 $\boldsymbol{v}_1, \boldsymbol{v}_2, \cdots, \boldsymbol{v}_r$ 的最少个数 r，使得这些向量生成的锥能够包含 $\boldsymbol{M}$ 的所有列。

(c) $\boldsymbol{M}$ 所包含的一组列向量的最大个数 r，使得这组列向量 $\boldsymbol{M}_1, \boldsymbol{M}_2, \cdots, \boldsymbol{M}_r$ 中，每一个列向量都不在其他 $r-1$ 个列向量生成的锥中。

问题 2-2 令 $\boldsymbol{M} \in \mathbb{R}^{n \times n}$，$M_{i,j} = (i-j)^2$。求证 $\text{rank}(\boldsymbol{M}) = 3$，$\text{rank}^+(\boldsymbol{M}) \geqslant \log_2 n$。提示：为了证明 $\text{rank}^+(\boldsymbol{M})$ 的下界，可以仅考虑零和非零元素的位置。

问题 2-3 Papadimitriou 等人[118]提出了下面的文档模型：$\boldsymbol{M} = \boldsymbol{A}\boldsymbol{W}$，且 $\boldsymbol{W}$ 的每一列都只有一个非零元素，$\boldsymbol{A}$ 中每一列非零的位置不重合。求证 $\boldsymbol{M}$ 的左奇异向量是经过缩放后的 $\boldsymbol{A}$ 的列向量。你可以假设 $\boldsymbol{M}$ 的所有非零奇异值都不相同。提示：$\boldsymbol{M}\boldsymbol{M}^{\mathrm{T}}$ 在对它的行和列应用 π 置换后是一个分块对角矩阵。

问题 2-4 考虑如下算法：

贪心锚定词算法[13]

输入： 满足定理 2.3.12 限制条件的矩阵 $\boldsymbol{M} \in \mathbb{R}^{n \times m}$

输出： $\boldsymbol{A}$、$\boldsymbol{W}$

令 $\boldsymbol{S} = \emptyset$

对于 $i = 2, 3, \cdots, r$：

　　将 $\boldsymbol{M}$ 的行向量正交投影到 $\boldsymbol{S}$ 的向量张成的空间

　　向 $\boldsymbol{S}$ 中添加具有最大 ℓ_2 范数的行向量

结束

27

令 $\boldsymbol{M} = \boldsymbol{AW}$，其中 $\boldsymbol{A}$ 是可分离的，$\boldsymbol{M}$、$\boldsymbol{A}$、$\boldsymbol{W}$ 都经过归一化处理，各行相加都为 1。同时假设 $\boldsymbol{W}$ 满秩。求证贪心锚定词算法能输出所有的锚定词，且不会输出其他结果。提示：ℓ_2 范数是严格凸的，即对于任何 $x \neq y$ 且 $t \in (0, 1)$，$\| tx + (1-t) y \|_2 < t \| x \|_2 + (1-t) \| y \|_2$。

28

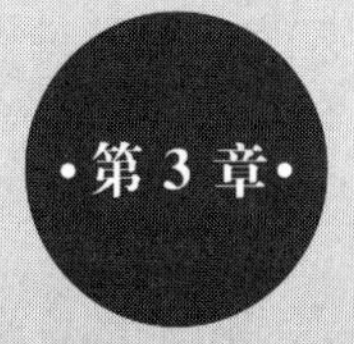

张量分解：算法

在本章中，我们将研究张量以及它的结构和计算上的不同问题。一般来说，许多在矩阵形式下容易解决的问题，扩展成张量后通常就会变成不适定或NP-hard问题。面对这样的情况，也不是只能放弃。实际上，对于某些类型的问题，我们可以从张量中获取从矩阵中无法得到的信息。我们只需要注意试图解决的问题的类型。更具体地说，在本章中，我们将为张量低秩分解提供一种可证明的算法(该算法适用于一般情况，但是需要满足一些基本的限制条件)，并介绍其在因子分析中的基本应用。

3.1 旋转问题

在研究围绕张量的算法问题之前，我们首先要了解它们为何有用。为此，我们需要引入基于张量的**因子分析**的概念，而且张量的因子分析可以规避矩阵的因子分析所遇到的某个绊脚石，这个我们后面会提到。那么，什么是因子分析？这是统计信息的基本工具，目标是把许多变量用很少的隐含变量(称作因子)来解释。我们不妨从一个历史案例来理解因子分析。因子分析最早由英国心理学家

Charles Spearman 提出。他的关于智力本质的理论认为，从根本上讲，智力有两种类型：数学和言语。虽然我并不认同该理论，但是我们继续了解一下他为此进行的证明。

他设计了以下实验来检验他的理论：他测试了1000名学生的表现，对每个学生进行了10次不同的测试，并将数据整理到1000×10的矩阵$\boldsymbol{M}$中。他认为，学生在给定测试中的表现方式是由一些与学生和测试有关的隐含变量决定的。想象一下，每个学生都由一个二维向量描述，其中两个坐标给出的数值分数分别量化了他的数学和语言智力。类似地，假设每个测试也由一个二维向量描述，但是坐标表示它测试数学和语言推理的程度。Spearman 着手寻找这两组二维向量——每个学生一个、每个测试一个，因此学生在测试中的表现由两个向量之间的内积给出。

29

让我们更形式化地表达上面的问题。我们要找的是一个特殊的因式分解：

$$\boldsymbol{M}=\boldsymbol{A}\boldsymbol{B}^{\mathrm{T}}$$

其中$\boldsymbol{A}$的尺寸是1000×2，$\boldsymbol{B}$的尺寸是10×2，这对应了Spearman的理论。问题是，即使存在因式分解$\boldsymbol{M}=\boldsymbol{A}\boldsymbol{B}^{\mathrm{T}}$，$\boldsymbol{A}$的列和$\boldsymbol{B}$的行都可以得到有意义的解释(这将证实Spearman的理论)，我们如何找到它？$\boldsymbol{M}$可能有许多其他分解，它们具有相同的内部维数，但不是我们要寻找的因子。为了具体说明，假设$\boldsymbol{O}$是2×2的正交矩阵。然后根据

$$\boldsymbol{M}=\boldsymbol{A}\boldsymbol{B}^{\mathrm{T}}=(\boldsymbol{A}\boldsymbol{O})(\boldsymbol{O}^{\mathrm{T}}\boldsymbol{B}^{\mathrm{T}})$$

可以很容易地找到因式分解$\boldsymbol{M}=\hat{\boldsymbol{A}}\hat{\boldsymbol{B}}^{\mathrm{T}}$，其中$\hat{\boldsymbol{A}}=\boldsymbol{A}\boldsymbol{O}$和$\hat{\boldsymbol{B}}=\boldsymbol{B}\boldsymbol{O}$。所以，即使存在能解释数据的隐含因子，我们也无法保证一定能找到它。而且总的来说，我们找到的可能是我们想要的因子的任意旋转，这个因子本身就很难解释，这就是所谓的旋转问题。这就是我

们前面提到的绊脚石，如果对矩阵进行因子分析，则会遇到该绊脚石。

出问题的原因是低秩矩阵分解不是唯一的。让我们详细说明在这种情况下，“唯一”到底是什么意思。假设我们有一个矩阵 $\boldsymbol{M}$，并保证它具有一些有意义的低秩分解：

$$\boldsymbol{M}=\sum_{i=1}^{r}\boldsymbol{a}^{(i)}(\boldsymbol{b}^{(i)})^{\mathrm{T}}$$

我们的目标是恢复因子 $\boldsymbol{a}^{(i)}$ 和 $\boldsymbol{b}^{(i)}$。但问题是我们还可以通过奇异值分解 $\boldsymbol{M}=\boldsymbol{U}\boldsymbol{\Sigma}\boldsymbol{V}^{\mathrm{T}}$ 找到另一个低阶分解：

30

$$\boldsymbol{M}=\sum_{i=1}^{r}\sigma_i\boldsymbol{u}^{(i)}(\boldsymbol{v}^{(i)})^{\mathrm{T}}$$

这有可能是两组截然不同的因子碰巧重建了同一个矩阵。实际上，向量 $\boldsymbol{u}^{(i)}$ 必然是正交的，因为它们来自奇异值分解，但是即使有先验的条件，我们也没有理由认为正在寻找的因子 $\boldsymbol{a}^{(i)}$ 也是正交的。因此，现在我们可以从本质上回答我们一开始提出的问题——为什么我们对张量感兴趣？这是因为它们解决了旋转问题，而且张量的分解在比矩阵分解更弱的条件下都是唯一的。

3.2 张量入门

张量听起来可能很神秘，但其实只是数字的集合，所以我们先来简单介绍一下张量。比如矩阵就是二阶张量，因为它是由两个索引来定位数字的集合。再比如三阶张量 $\boldsymbol{T}$，具有三个维度，这三个维度分别称为行、列和管道(tube)。如果 $\boldsymbol{T}$ 的大小为 $n_1\times n_2\times n_3$，则标准表示法是用 $T_{i,j,k}$ 表示 $\boldsymbol{T}$ 中第 i 行、第 j 列、第 k 个管道的元素。同理，你也可以定义任何阶的张量。

我们可以从很多不同的角度来看待张量，而且你会在本书不同的部分发现不同的角度会起到不同的作用。也许最简单的方法就是把三阶张量 $\boldsymbol{T}$ 看作 n_3 个矩阵的集合，每个矩阵大小为 $n_1 \times n_2$，它们相互堆叠。然后，我们将定义张量的秩的概念，这将使我们能够探索张量何时不只是矩阵的集合，以及这些矩阵之间如何相互关联。

定义 3.2.1　一个秩为1的三阶张量 $\boldsymbol{T}$，是由三个向量 $\boldsymbol{u}$、$\boldsymbol{v}$ 和 $\boldsymbol{w}$ 的张量积得到的，它的每一个元素为

$$T_{i,j,k} = u_i v_j w_k$$

因此，如果 $\boldsymbol{u}$、$\boldsymbol{v}$ 和 $\boldsymbol{w}$ 的维度分别为 n_1、n_2 和 n_3，则 $\boldsymbol{T}$ 的大小为 $n_1 \times n_2 \times n_3$。此外，我们将经常使用以下简写：

$$\boldsymbol{T} = \boldsymbol{u} \otimes \boldsymbol{v} \otimes \boldsymbol{w}$$

31

然后我们就可以定义张量的秩：

定义 3.2.2　三阶张量 $\boldsymbol{T}$ 的秩是最小整数 r，则该张量可以写成：

$$\boldsymbol{T} = \sum_{i=1}^{r} \boldsymbol{u}^{(i)} \otimes \boldsymbol{v}^{(i)} \otimes \boldsymbol{w}^{(i)}$$

回想一下，矩阵 $\boldsymbol{M}$ 的秩是最小整数 r，因此 $\boldsymbol{M}$ 可以写成 r 个秩为1的矩阵的总和。矩阵秩的美在于它可以有多少个等效的定义，而上面的定义是从矩阵的秩的众多定义中提炼出的能泛化到张量的最自然的定义。上面的分解通常称为CANDECOMP/PARAFAC分解。

现在我们有了张量秩的定义，可以看出一个低秩张量不仅仅是低秩矩阵的随意组合。令 $\boldsymbol{T}_{\cdot,\cdot,k}$ 表示张量的第 k 个切片对应的 $n_1 \times n_2$ 矩阵。

声明 3.2.3 考虑一个秩为 r 的张量

$$\boldsymbol{T}=\sum_{i=1}^{r}\boldsymbol{u}^{(i)}\otimes\boldsymbol{v}^{(i)}\otimes\boldsymbol{w}^{(i)}$$

对于所有的 $1\leqslant k\leqslant n_3$，

$$\operatorname{colspan}(\boldsymbol{T}_{\cdot,\cdot,k})\subseteq\operatorname{span}(\{\boldsymbol{u}^{(i)}\}_i)$$

此外，

$$\operatorname{rowspan}(\boldsymbol{T}_{\cdot,\cdot,k})\subseteq\operatorname{span}(\{\boldsymbol{v}^{(i)}\}_i)$$

我们将该声明的证明留给读者作为练习。实际上，该声明说明了为什么不是任意低阶矩阵的堆叠都可以得到一个低阶张量。的确，如果我们考察低阶张量并查看其 n_3 个不同的切片，这些切片都是秩最高为 r 的 $n_1\times n_2$ 矩阵。我们还可以知道的是，由这些矩阵的列向量得到的向量空间包含在向量 $\boldsymbol{u}^{(i)}$ 张成的向量空间中，同样，由行向量得到的向量空间包含在向量 $\boldsymbol{v}^{(i)}$ 张成的向量空间中。

从直觉上讲，旋转问题来源于一个矩阵只能提供向量 $\{\boldsymbol{u}^{(i)}\}_i$ 和 $\{\boldsymbol{v}^{(i)}\}_i$ 的一个视图。但是张量的多个切片却可以为我们提供多种视图，这有助于我们解决不确定性。如果你还不太能理解这个，那就先跳过。在理解 Jennrich 算法后，请重新思考这一部分。

张量的困境

张量有一些矩阵没有的特性，但我们又必须清楚地意识到，矩阵的很多特性是不能直接泛化到张量的。那么张量到底有哪些特殊的地方呢？对于初学者来说，使线性代数如此优雅和迷人的原因是，像矩阵 $\boldsymbol{M}$ 的秩这样的概念可以有很多等价的定义。当我们定义张量的秩时，严谨一点，是要采用矩阵秩的定义之一，并能将其泛

32

化到张量上。但是如果我们采用矩阵的秩的不同定义作为泛化呢？张量会得到相同的秩的定义吗？通常是不会的！

让我们尝试一下，不是把矩阵 $\boldsymbol{M}$ 的秩定义为我们需要累加以获得 $\boldsymbol{M}$ 的最小数量的秩为 1 的矩阵，而是通过其列/行空间的维度来定义秩。下面的声明只是说明了这种定义方式得到的秩的概念和之前是一样的。

声明 3.2.4 $\boldsymbol{M}$ 的秩等于列和行的空间的维数，更具体地：

$$\operatorname{rank}(\boldsymbol{M}) = \dim(\operatorname{colspan}(\boldsymbol{M})) = \dim(\operatorname{rowspan}(\boldsymbol{M}))$$

但是这样的关系在张量中仍然适用吗？基本不是！举一个简单的例子，让我们令 $n_1=k^2$，$n_2=k$，$n_3=k$。然后，如果我们取 $\boldsymbol{T}$ 的 n_1 列成为 $k^2\times k^2$ 单位矩阵的列，我们知道 $\boldsymbol{T}$ 的 n_2n_3 列都是线性独立的，并且维数为 k^2。但是 $\boldsymbol{T}$ 的 n_1n_3 行最多具有 k 维，因为它张成的向量空间只有 k 维。由此看出，对于张量，行向量空间的维数不一定等于列/管道向量空间的维数。

事情还远不止此，关于张量的秩还有一些令人讨厌的微妙之处，接下来这个部分很重要。假设 $\boldsymbol{T}$ 是实值张量，我们将秩定义为 r 的最小值，并将 $\boldsymbol{T}$ 写为 r 个秩为 1 的张量的总和。但是我们应该让这些秩为 1 的张量具有复值，还是只有实值？实际上，这个结果会影响秩。

考虑如以下示例所示为 $2\times2\times2$ 张量：

$$\boldsymbol{T} = \begin{bmatrix}1 & 0\\0 & 1\end{bmatrix};\begin{bmatrix}0 & -1\\1 & 0\end{bmatrix}$$

其中第一个 2×2 矩阵是张量的第一个切片，第二个 2×2 矩阵是第二个切片。不难证明 $\operatorname{rank}_{\mathbb{R}}(\boldsymbol{T})\geqslant3$。但是很容易判断下式成立：

$$\boldsymbol{T}=\frac{1}{2}\left(\begin{bmatrix}1\\-i\end{bmatrix}\otimes\begin{bmatrix}1\\i\end{bmatrix}\otimes\begin{bmatrix}1\\-i\end{bmatrix}+\begin{bmatrix}1\\i\end{bmatrix}\otimes\begin{bmatrix}1\\-i\end{bmatrix}\otimes\begin{bmatrix}1\\i\end{bmatrix}\right)$$

33

因此，即使 $\boldsymbol{T}$ 是实值张量，如果允许我们使用复数，则该张量也可以分解为更少的秩为 1 的张量的总和，而矩阵永远不会出现此问题。如果矩阵 $\boldsymbol{M}$ 为实值矩阵，并且有一种方法可以将其写为具有(可能)复数值元素的 r 个秩为 1 的矩阵的总和，那么总有一种方法可以将其写为最多 r 个实值秩为 1 的矩阵的总和。这可以被看作一个意外的发现，张量的秩是会随着分解对象的性质而改变的。

另一个令人担忧的问题是，秩为 3 的张量可以被秩为 2 的张量近似。这使我们得出边界秩的定义：

定义 3.2.5　张量 $\boldsymbol{T}$ 的边界秩是最小的 r，对于任意 $\varepsilon>0$，都存在一个秩为 r 的张量，该张量的每一个元素都以 ε 接近于 $\boldsymbol{T}$。

对于矩阵，秩和边界秩相同！因为如果我们考虑秩为 r 的矩阵 $\boldsymbol{M}$，对用秩 $r'<r$ 的矩阵近似估计 $\boldsymbol{M}$ 的精度进行限制(取决于 $\boldsymbol{M}$)，此时可以从低秩近似的截断奇异值分解的最优性推论得出上述结论。但是对于张量，秩和边界秩的确可以不同，正如下面的例子所示。

考虑以下 2×2×2 张量：

$$\boldsymbol{T}=\begin{bmatrix}0&1\\1&0\end{bmatrix};\begin{bmatrix}1&0\\0&0\end{bmatrix}$$

不难看出 $\text{rank}_{\mathbb{R}}(\boldsymbol{T})\geqslant 3$。但是它却可以用下面的方案获得一个任意且良好的秩为 2 的近似。令

$$\boldsymbol{S}_n=\begin{bmatrix}n&1\\1&\frac{1}{n}\end{bmatrix};\begin{bmatrix}1&\frac{1}{n}\\\frac{1}{n}&\frac{1}{n^2}\end{bmatrix}\quad 和\quad \boldsymbol{R}_n=\begin{bmatrix}n&0\\0&0\end{bmatrix};\begin{bmatrix}0&0\\0&0\end{bmatrix}$$

$\boldsymbol{S}_n$ 和 $\boldsymbol{R}_n$ 的秩都为 1，因此 $\boldsymbol{S}_n-\boldsymbol{R}_n$ 的秩最多为 2。但请注意，$\boldsymbol{S}_n-\boldsymbol{R}_n$ 的每个元素都以 $1/n$ 接近于 $\boldsymbol{T}$，并且随着 n 的增加，我们得到对 $\boldsymbol{T}$ 的任意近似值。因此，即使 $\boldsymbol{T}$ 的秩为 3，其边界秩也最多为 2。可以注意到这个示例利用了 $1/n$ 随变量增大的收敛性。这个例子还表明，最佳低秩近似的元素的大小不能作为 $\boldsymbol{T}$ 中元素大小的函数来限制。

矩阵还有一个有用属性：$\boldsymbol{M}$ 的最佳秩 k 近似可以直接从其最佳秩 $k+1$ 近似获得。更确切地说，假设 $\boldsymbol{B}^{(k)}$ 和 $\boldsymbol{B}^{(k+1)}$ 分别是 $\boldsymbol{M}$ 的最佳秩 k 和秩 $k+1$ 近似(以 Frobenius 范数)。然后我们可以得到 $\boldsymbol{B}^{(k)}$ 是 $\boldsymbol{B}^{(k+1)}$ 的最佳秩 k 近似。但是，对于张量而言，$\boldsymbol{T}$ 的最佳秩 k 和秩 $k+1$ 近似根本没有共同的秩为 1 的张量。张量的最佳秩 k 近似是笨拙的，不能根据输入限制其元素的大小。因为随着 k 的变化，它的元素将以复杂的方式变化。

34

对我而言，张量所有存在的问题中最严重的是它的计算复杂性高。当然，张量的秩不等于其列空间的维数，前者是 NP-hard 问题(根据 Hastad[85] 的结论)，后者易于计算。使用张量也必须谨慎，实际上，计算复杂性高是一个普遍的问题，许多问题很容易在矩阵上进行计算，结果在张量上却是 NP-hard 问题，以至于 Hillar 和 Lim[86] 的著名论文对此进行了总结："大多数张量问题都很难解决。"

为了证明这一点，Hillar 和 Lim[86] 证明了很多其他问题也是 NP-hard 问题，这些问题包括找到最佳的低秩近似、计算谱范数以及确定张量是否为非负定数。如果本节的内容会让你有些沮丧，那么请记住，我正尽力使你如应有的那样兴奋——实际上，我们还是可以使用张量来做一些事情的!

3.3 Jennrich 算法

在本节中，我们将介绍一种用于计算最小秩分解的算法，该算法可在一般但稍有限制的条件下使用。该算法称为 Jennrich 算法，有趣的是，它被反复“发现”了很多次(出于稍后我们推测的原因)。据我们所知，它首先出现在 Harshman[84] 的论文中，作者将其归功于 Robert Jennrich 博士。

在下面的内容中，我们将假设给定张量 $\boldsymbol{T}$，并假定它具有以下形式：

$$\boldsymbol{T}=\sum_{i=1}^{r}\boldsymbol{u}^{(i)}\otimes\boldsymbol{v}^{(i)}\otimes\boldsymbol{w}^{(i)}$$

我们将把因子 $\boldsymbol{u}^{(i)}$、$\boldsymbol{v}^{(i)}$ 和 $\boldsymbol{w}^{(i)}$ 称为隐含因子，以强调它们是未知的，是需要求解得到的。我们在这里要思考，我们所说的“求解得到”它们是什么含义呢？因为总有一些我们永远无法解决的歧义。所以对于恢复这些因子，不用考虑它们之间的排序和某些缩放比例，而使秩为 1 的张量本身保持不变。这带来了以下定义，以及要考虑的问题：

定义 3.3.1 如果两个集合

$$\{(\boldsymbol{u}^{(i)},\boldsymbol{v}^{(i)},\boldsymbol{w}^{(i)})\}_{i=1}^{r}\quad 和 \quad\{(\hat{\boldsymbol{u}}^{(i)},\hat{\boldsymbol{v}}^{(i)},\hat{\boldsymbol{w}}^{(i)})\}_{i=1}^{r}$$

对于所有的 i，都存在变换 $\pi:[r]\to[r]$满足下面的等式，则称它们是等价的。

$$\boldsymbol{u}^{(i)}\otimes\boldsymbol{v}^{(i)}\otimes\boldsymbol{w}^{(i)}=\hat{\boldsymbol{u}}^{(\pi(i))}\otimes\hat{\boldsymbol{v}}^{(\pi(i))}\otimes\hat{\boldsymbol{w}}^{(\pi(i))}$$

而最重要的是，这样两个等价的因子集，能够产生相同的秩为 1 的张量和，也就是能够对应两种同一张量的分解：

$$\boldsymbol{T}=\sum_{i=1}^{r}\boldsymbol{u}^{(i)}\otimes\boldsymbol{v}^{(i)}\otimes\boldsymbol{w}^{(i)}=\sum_{i=1}^{r}\hat{\boldsymbol{u}}^{(i)}\otimes\hat{\boldsymbol{v}}^{(i)}\otimes\hat{\boldsymbol{w}}^{(i)}$$

而本节中的主要问题是：给定 $\boldsymbol{T}$，我们能否有效地找到一个等价于隐含因子的集合呢？我们接下来要介绍并证明一个沿用了 Leurgans、Ross 和 Abel[103]方法且更通用的 Jennrich 算法。

定理 3.3.2[84,103]　假设我们按照下面的形式给定一个张量：

$$T = \sum_{i=1}^{r} u^{(i)} \otimes v^{(i)} \otimes w^{(i)}$$

满足下列条件：

1）向量组$\{u^{(i)}\}_i$是线性无关的。

2）向量组$\{v^{(i)}\}_i$是线性无关的。

3）向量组$\{w^{(i)}\}_i$中的任意两个向量都是线性无关的。

则可以用一个有效的算法来找到张量的一个分解

$$T = \sum_{i=1}^{r} \hat{u}^{(i)} \otimes \hat{v}^{(i)} \otimes \hat{w}^{(i)}$$

而且，因子$(u^{(i)}, v^{(i)}, w^{(i)})$和$(\hat{u}^{(i)}, \hat{v}^{(i)}, \hat{w}^{(i)})$是等价的。

Jennrich [84]最初的结论被描述为唯一性定理，即在上述因子 $u^{(i)}$、$v^{(i)}$和 $w^{(i)}$满足条件的情况下，T 分解为至多 r 个秩为 1 的张量，这些张量必须是一组等价的因子集。碰巧的是，Jennrich 证明这种唯一性定理的方法是通过给出一种求解分解的算法。虽然在本书不会按此来证明，但有趣的是，这种证明方法是导致这个结论被经常遗忘的主要原因。随后的许多文献都引用了 Kruskal 的更强唯一性定理，其证明是非构造性的，并且忽略了 Jennrich 的较弱唯一性定理与算法。让我们以此为戒：如果你不仅证明了一些数学事实，而且你的论据很容易得出算法，那么一定要说明！

36

Jennrich 算法

输入：满足定理 3.3.2 的一个张量 $\boldsymbol{T} \in \mathbb{R}^{m \times n \times p}$

输出：因子 $\{\boldsymbol{u}^{(i)}\}_i$、$\{\boldsymbol{v}^{(i)}\}_i$ 和 $\{\boldsymbol{w}^{(i)}\}_i$

按均匀分布随机生成 $\boldsymbol{a}, \boldsymbol{b} \in \mathbb{S}^{p-1}$，令

$$\boldsymbol{T}^{(\boldsymbol{a})} = \sum_{i=1}^{p} a_i T_{\cdot,\cdot,i} \text{ 和 } \boldsymbol{T}^{(\boldsymbol{b})} = \sum_{i=1}^{p} b_i T_{\cdot,\cdot,i}$$

对 $\boldsymbol{T}^{(\boldsymbol{a})}(\boldsymbol{T}^{(\boldsymbol{b})})^{+}$ 和 $((\boldsymbol{T}^{(\boldsymbol{a})})^{+}\boldsymbol{T}^{(\boldsymbol{b})})^{\mathrm{T}}$ 进行特征分解

  让 $\boldsymbol{U}$ 和 $\boldsymbol{V}$ 作为非零特征值对应的特征向量

  找出特征值互为倒数的 $\boldsymbol{u}^{(i)}$ 和 $\boldsymbol{v}^{(i)}$ 特征向量对

求解满足 $\boldsymbol{T} = \sum_{i=1}^{r} \boldsymbol{u}^{(i)} \otimes \boldsymbol{v}^{(i)} \otimes \boldsymbol{w}^{(i)}$ 的 $\boldsymbol{w}^{(i)}$

终止

回想一下，$\boldsymbol{T}_{\cdot,\cdot,i}$ 定义为第 i 个矩阵切片，因此 $\boldsymbol{T}^{(\boldsymbol{a})}$ 只是 $\boldsymbol{T}$ 中所有矩阵切片的加权和，其中切片权重都为 a_i。

分析的第一步是用隐含因子来表达 $\boldsymbol{T}^{(\boldsymbol{a})}$ 和 $\boldsymbol{T}^{(\boldsymbol{b})}$。首先令 $\boldsymbol{U}$ 和 $\boldsymbol{V}$ 分别为大小是 $m \times r$ 和 $n \times r$ 的矩阵，其列分别为 $\boldsymbol{u}^{(i)}$ 和 $\boldsymbol{v}^{(i)}$；令 $\boldsymbol{D}^{(a)}$ 和 $\boldsymbol{D}^{(b)}$ 为 $r \times r$ 对角矩阵，其元素分别是 $\langle \boldsymbol{w}^{(i)}, \boldsymbol{a} \rangle$ 和 $\langle \boldsymbol{w}^{(i)}, \boldsymbol{b} \rangle$。然后给出以下引理。

引理 3.3.3 $\boldsymbol{T}^{(\boldsymbol{a})} = \boldsymbol{U}\boldsymbol{D}^{(a)}\boldsymbol{V}^{\mathrm{T}}$ 和 $\boldsymbol{T}^{(\boldsymbol{b})} = \boldsymbol{U}\boldsymbol{D}^{(b)}\boldsymbol{V}^{\mathrm{T}}$。

证明：由于从 $\boldsymbol{T}$ 得到 $\boldsymbol{T}^{(\boldsymbol{a})}$ 的操作是线性的，我们把这个变换等价应用到 $\boldsymbol{T}$ 低秩分解后的每一个秩为 1 的张量上。很容易看到，如果我们给定秩为 1 的张量 $\boldsymbol{u} \otimes \boldsymbol{v} \otimes \boldsymbol{w}$，则取矩阵切片的加权和(第 i 个切片的权重为 a_i)相当于得到了矩阵 $\langle \boldsymbol{w}, \boldsymbol{a} \rangle \boldsymbol{u} \otimes \boldsymbol{v}$。

因此，通过线性关系我们有：

37

$$\boldsymbol{T}^{(a)}=\sum_{i=1}^{r}\langle \boldsymbol{w}^{(i)},\boldsymbol{a}\rangle \boldsymbol{u}^{(i)} \otimes \boldsymbol{v}^{(i)}$$

这就表示出了上述引理中的第一部分，同理再用 $\boldsymbol{b}$ 代替 $\boldsymbol{a}$ 也就得到了第二部分。 ■

事实证明，我们现在可以通过广义特征值分解来恢复 $\boldsymbol{U}$ 的列和 $\boldsymbol{V}$ 的列。让我们做一个实验，如果给定一个矩阵 $\boldsymbol{M}$ 满足形式 $\boldsymbol{M}=\boldsymbol{U}\boldsymbol{D}\boldsymbol{U}^{-1}$，其中对角矩阵 $\boldsymbol{D}$ 的元素各异且非零，则 $\boldsymbol{U}$ 的列将为特征向量，但它们不一定是单位向量。由于 $\boldsymbol{D}$ 的元素是不同的，因此 $\boldsymbol{M}$ 的特征分解是唯一的，这意味着我们可以将 $\boldsymbol{U}$(经过缩放)的列恢复为 $\boldsymbol{M}$ 的特征向量。

现在，给定两个矩阵形式 $\boldsymbol{A}=\boldsymbol{U}\boldsymbol{D}^{(a)}\boldsymbol{V}^{\mathrm{T}}$ 和 $\boldsymbol{B}=\boldsymbol{U}\boldsymbol{D}^{(b)}\boldsymbol{V}^{\mathrm{T}}$，则如果 $\boldsymbol{D}^{(a)}(\boldsymbol{D}^{(b)})^{-1}$的对角元素是各异且非零的，我们可以通过特征分解来恢复 $\boldsymbol{U}$ 和 $\boldsymbol{V}$ 缩放后的列。

$$\boldsymbol{A}\boldsymbol{B}^{-1}=\boldsymbol{U}\boldsymbol{D}^{(a)}(\boldsymbol{D}^{(b)})^{-1}\boldsymbol{U}^{-1} \quad 和 \quad (\boldsymbol{A}^{-1}\boldsymbol{B})^{\mathrm{T}}=\boldsymbol{V}\boldsymbol{D}^{(b)}(\boldsymbol{D}^{(a)})^{-1}\boldsymbol{V}^{-1}$$

事实证明，代替实际形成的上述矩阵，我们可以寻找满足 $\boldsymbol{A}\boldsymbol{v}=\lambda_v\boldsymbol{B}\boldsymbol{v}$ 的所有向量 $\boldsymbol{v}$，这被称为广义特征分解。无论如何，这是以下引理的主要思想，尽管我们需要注意一些问题，因为在我们的设置中矩阵 $\boldsymbol{U}$ 和 $\boldsymbol{V}$ 不一定是方阵，更不用说是可逆矩阵了。

引理 3.3.4 几乎可以确定，$\boldsymbol{U}$ 和 $\boldsymbol{V}$ 的列分别是 $\boldsymbol{T}^{(a)}(\boldsymbol{T}^{(b)})^{+}$ 和 $((\boldsymbol{T}^{(a)})^{+}\boldsymbol{T}^{(b)})^{\mathrm{T}}$ 的非零特征值相对应的唯一特征向量，而且 $\boldsymbol{u}^{(i)}$ 的特征值是对应的 $\boldsymbol{v}^{(i)}$ 特征值的倒数。

证明：我们可以使用引理 3.3.3 中的 $\boldsymbol{T}^{(a)}$ 和 $\boldsymbol{T}^{(b)}$ 公式来计算

$$\boldsymbol{T}^{(a)}(\boldsymbol{T}^{(b)})^{+}=\boldsymbol{U}\boldsymbol{D}^{(a)}(\boldsymbol{D}^{(b)})^{+}\boldsymbol{U}^{+}$$

$\boldsymbol{D}^{(a)}(\boldsymbol{D}^{(b)})^{+}$ 的元素是 $\langle \boldsymbol{w}^{(i)},\boldsymbol{a}\rangle/\langle \boldsymbol{w}^{(i)},\boldsymbol{b}\rangle$，然后由于 $\{\boldsymbol{w}^{(i)}\}_i$ 的每对

向量都是线性独立的，因此我们几乎可以肯定，在选择 $\boldsymbol{a}$ 和 $\boldsymbol{b}$ 时，沿 $\boldsymbol{D}^{(a)}(\boldsymbol{D}^{(b)})^{+}$ 对角线的元素将全部为非零且各异。

现在，回到上面 $\boldsymbol{T}^{(a)}(\boldsymbol{T}^{(b)})^{+}$ 的公式，我们看到它是一个特征分解，而且非零特征值是各异的。因此，$\boldsymbol{U}$ 的列是具有非零特征的 $\boldsymbol{T}^{(a)}(\boldsymbol{T}^{(b)})^{+}$ 唯一特征向量，对应于 $\boldsymbol{u}^{(i)}$ 的特征向量是 $\langle \boldsymbol{w}^{(i)},\boldsymbol{a}\rangle/\langle \boldsymbol{w}^{(i)},\boldsymbol{b}\rangle$。一个相同的论点表明 $\boldsymbol{V}$ 的列是特征值非零的唯一特征向量

$$((\boldsymbol{T}^{(a)})^{+}\boldsymbol{T}^{(b)})^{\mathrm{T}}=\boldsymbol{V}\boldsymbol{D}^{(b)}(\boldsymbol{D}^{(a)})^{+}\boldsymbol{V}^{+}$$

38

通过检查，我们得出 $\boldsymbol{v}^{(i)}$ 对应的特征值是 $\langle \boldsymbol{w}^{(i)},\boldsymbol{b}\rangle/\langle \boldsymbol{w}^{(i)},\boldsymbol{a}\rangle$，从而完成引理的证明。 ■

现在，为了完成定理的证明，请注意，我们只恢复了 $\boldsymbol{U}$ 和 $\boldsymbol{V}$ 缩放后的列向量，也就是说，对于每一列都恢复了相应的单位向量。我们将把这个重新缩放的因子和缺失的因子 $\boldsymbol{w}^{(i)}$ 一起用于求解。因此，算法最后一步中的线性方程显然有解，剩下的就是证明它只有唯一解。

引理 3.3.5　矩阵 $\{\boldsymbol{u}^{(i)}(\boldsymbol{v}^{(i)})^{\mathrm{T}}\}_{i=1}^{r}$ 是线性无关的。

证明：假设有一组不全为零的系数使得

$$\sum_{i=1}^{r}\alpha_i\boldsymbol{u}^{(i)}(\boldsymbol{v}^{(i)})^{\mathrm{T}}=0$$

假设(不失一般性) $\alpha_1\neq 0$。因为假设向量 $\{\boldsymbol{v}^{(i)}\}_i$ 是线性独立的，所以可以找到一个满足 $\langle \boldsymbol{v}^{(1)},\boldsymbol{a}\rangle\neq 0$ 且与所有的 $\boldsymbol{v}^{(i)}$ 都正交的向量 $\boldsymbol{a}$。现在我们将上述等式左右两边都右乘 $\boldsymbol{a}$，得到

$$\alpha_1\langle \boldsymbol{v}^{(1)},\boldsymbol{a}\rangle\boldsymbol{u}^{(1)}=0$$

此时 $\alpha_1 \neq 0$ 不成立，因为等式左边不等于 0 与假设矛盾。故证得原引理成立。 ■

上述引理的证明意味着 $\boldsymbol{w}^{(i)}$ 上的线性方程具有唯一解。我们可以将线性方程写为 $mn \times r$ 矩阵，每个矩阵的列代表一个矩阵 $\boldsymbol{u}^{(i)}(\boldsymbol{v}^{(i)})^{\mathrm{T}}$ 的向量形式，乘以一个未知矩阵 $r \times p$(其列代表向量 $\boldsymbol{w}^{(i)}$)，这两个矩阵的乘积被约束为 $mn \times p$ 的矩阵，该矩阵的列表示了张量 $\boldsymbol{T}$ 的 p 个矩阵切片，但仍然是向量形式。定理 3.3.2 的证明到此完成。

但这里仍存在一个问题：只有当 $r \leqslant \min(n_1, n_2)$ 时，Jennrich 算法中的条件才能成立，因为我们需要向量$\{\boldsymbol{u}^{(i)}\}_i$ 和$\{\boldsymbol{v}^{(i)}\}_i$是线性独立的。这称为不完备情况，因为要满足的条件受到张量的秩的限制。当 r 大于 n_1、n_2 或 n_3 时，我们知道 $\boldsymbol{T}$ 的分解通常是唯一的。但是，是否有用于分解泛型超完整三阶张量的算法？这个问题是开放的，即使 $r=1.1\max(n_1, n_2, n_3)$。

39

3.4　矩阵摄动界

到目前为止，张量分解的解决方法是一种在一般情况下可行的算法(Jennrich 算法)，但需要我们准确了解 $\boldsymbol{T}$，才能够分解三阶张量 $\boldsymbol{T}$。但在实际应用中，这是远远不够的，我们必须要处理各种各样的噪声。本节要解决的问题就是在给定 $\widetilde{\boldsymbol{T}}=\boldsymbol{T}+\boldsymbol{E}$(可以把 $\boldsymbol{E}$ 看成采样噪声)的情况下，如何更好地求解隐含因子。

我们仍将使用 Jennrich 的算法。相反，我们在本节中要做的是跟踪误差的传播。我们希望能够给出隐含因子近似估计的定量的界限，并且给出的界限将取决于 $\boldsymbol{E}$ 和 $\boldsymbol{T}$ 的属性。Jennrich 算法的主要步骤是计算特征分解，我们自然将花费大部分时间来了解特征分解何时是稳定的。由此，我们可以轻松地了解 Jennrich 算法何时以及为什么在存在噪声的情况下仍起作用。

摄动界的先决条件

现在让我们更加精确地描述感兴趣的主要问题：

问题 1　如果 $\boldsymbol{M}=\boldsymbol{U}\boldsymbol{D}\boldsymbol{U}^{-1}$ 是对角阵，给定 $\widetilde{\boldsymbol{M}}=\boldsymbol{M}+\boldsymbol{E}$，如何估计 $\boldsymbol{U}$？

最自然的事情是计算一个对角化 $\widetilde{\boldsymbol{M}}$ 的矩阵，即 $\widetilde{\boldsymbol{U}}$，其中 $\widetilde{\boldsymbol{M}}=\widetilde{\boldsymbol{U}}\widetilde{\boldsymbol{D}}\widetilde{\boldsymbol{U}}^{-1}$，并量化 $\widetilde{\boldsymbol{U}}$ 对 $\boldsymbol{U}$ 的近似程度。但在我们深入研究之前，先来思考一下下面的内容。

在某些情况下，不可以说 $\boldsymbol{U}$ 和 $\widetilde{\boldsymbol{U}}$ 近似。例如，如果 $\boldsymbol{M}$ 的两个特征值彼此非常接近，则摄动 $\boldsymbol{E}$ 原则上可以将两个特征向量折叠成一个二维特征空间，而我们将永远无法估计 $\boldsymbol{U}$ 的列。这意味着我们的摄动界将必须取决于 $\boldsymbol{M}$ 的任意一对特征值之间的最小间隔。

就像上面那样，我们还必须思考矩阵 $\boldsymbol{M}$ 的另一个必须要在摄动界内考虑的特性。在那之前，先通过一些简单的设定来了解这个问题，首先要介绍数值线性代数的一个重要概念。

40

定义 3.4.1　矩阵 $\boldsymbol{U}$ 的条件数定义如下：

$$\kappa(\boldsymbol{U})=\frac{\sigma_{\max}(\boldsymbol{U})}{\sigma_{\min}(\boldsymbol{U})}$$

其中 $\sigma_{\min}(\boldsymbol{U})$ 和 $\sigma_{\max}(\boldsymbol{U})$ 分别是最小奇异值和最大奇异值。

条件数反映了求解线性方程组时，误差是如何被放大的。更精确地说：考虑在 $\boldsymbol{M}\boldsymbol{x}=\boldsymbol{b}$ 的情况下求解 $\boldsymbol{x}$ 的问题。假设给定了 $\boldsymbol{M}$，但是我们只知道 $\boldsymbol{b}$ 的估计值 $\widetilde{\boldsymbol{b}}=\boldsymbol{b}+\boldsymbol{e}$。我们如何近似 $\boldsymbol{x}$？

问题 2　如果我们获得一个解 $\widetilde{\boldsymbol{x}}$，满足 $\boldsymbol{M}\widetilde{\boldsymbol{x}}=\widetilde{\boldsymbol{b}}$，$\widetilde{\boldsymbol{x}}$ 近似 $\boldsymbol{x}$ 的程度是多少？

我们有 $\tilde{\boldsymbol{x}}=\boldsymbol{M}^{-1}\tilde{\boldsymbol{b}}=\boldsymbol{x}+\boldsymbol{M}^{-1}\boldsymbol{e}=\boldsymbol{x}+\boldsymbol{M}^{-1}(\tilde{\boldsymbol{b}}-\boldsymbol{b})$。所以

$$\|\boldsymbol{x}-\tilde{\boldsymbol{x}}\|\leqslant\frac{1}{\sigma_{\min}(\boldsymbol{M})}\|\boldsymbol{b}-\tilde{\boldsymbol{b}}\|$$

由于 $\boldsymbol{Mx}=\boldsymbol{b}$，我们同样有 $\|\boldsymbol{b}\|\leqslant\sigma_{\max}(\boldsymbol{M})\|\boldsymbol{x}\|$。则满足

$$\frac{\|\boldsymbol{x}-\tilde{\boldsymbol{x}}\|}{\|\boldsymbol{x}\|}\leqslant\frac{\sigma_{\max}(\boldsymbol{M})}{\sigma_{\min}(\boldsymbol{M})}\frac{\|\boldsymbol{b}-\tilde{\boldsymbol{b}}\|}{\|\boldsymbol{b}\|}=\kappa(\boldsymbol{M})\frac{\|\boldsymbol{b}-\tilde{\boldsymbol{b}}\|}{\|\boldsymbol{b}\|}$$

项 $\|\boldsymbol{b}-\tilde{\boldsymbol{b}}\|/\|\boldsymbol{b}\|$ 通常被称为相对误差，是数值线性代数中衡量相似度的一种常用距离。上面的讨论告诉我们，当求解线性系统时，条件数控制相对误差。

现在，让我们将其与开始的讨论联系起来。事实证明，我们对特征值分解的摄动界也将取决于 $\boldsymbol{U}$ 的条件数。直观地讲，这是因为在给定 $\boldsymbol{U}$ 和 $\boldsymbol{U}^{-1}$ 的情况下，找到 $\boldsymbol{M}$ 的特征值就像求解依赖于 $\boldsymbol{U}$ 和 $\boldsymbol{U}^{-1}$ 的线性系统一样。这样可以更精确，但是我们在这里不会这么做。

Gershgorin 圆盘定理和特征值互异

现在我们了解了 $\boldsymbol{M}$ 的哪些属性是需要在摄动界内的，可以继续进行实际证明。我们需要回答的第一个问题是：$\widetilde{\boldsymbol{M}}$ 是否可对角化？我们的方法将表明，如果 $\boldsymbol{M}$ 具有互异的特征值，而 $\boldsymbol{E}$ 足够小，则 $\widetilde{\boldsymbol{M}}$ 也具有互异的特征值。我们证明的主要工具是数值线性代数中称为 Gershgorin 圆盘定理的理论：

41

定理 3.4.2　一个 $n\times n$ 的矩阵 $\boldsymbol{M}$ 的特征值全部包含在复平面中的以下圆盘的并集中：

$$\bigcup_{i=1}^{n}D(M_{ii},R_i)$$

其中 $D(a,b):=\{\boldsymbol{x} \mid \|\boldsymbol{x}-a\| \leqslant b\} \subseteq \mathbb{C}$ 且 $R_i=\sum_{j \neq i}|M_{ij}|$。

在特殊情况下考虑该定理很有用。如果 $\boldsymbol{M}=\boldsymbol{I}+\boldsymbol{E}$，其中 $\boldsymbol{I}$ 是单位矩阵，并且 $\boldsymbol{E}$ 是较小的摄动，则 Gershgorin 圆盘定理告诉我们一个直观明显的事实，即 $\boldsymbol{M}$ 的特征值都接近于 1。定理中的半径给出了与它们有多接近 1 的定量界。现在给出证明：

证明：令$(\boldsymbol{x}, \lambda)$为特征向量-特征值对(注意，即使在 $\boldsymbol{M}$ 不可对角化的情况下也是有效的)，i 表示 $\boldsymbol{x}$ 中最大绝对值的下标。那么 $\boldsymbol{Mx}=\lambda\boldsymbol{x}$ 给定 $\sum_j M_{ij}x_j=\lambda x_i$，因此 $\sum_{j\neq i} M_{ij}x_j=\lambda x_i-M_{ii}x_i$。我们可以得到结论

$$|\lambda-M_{ii}|=\left|\sum_{j\neq i} M_{ij}\frac{x_j}{x_i}\right| \leqslant \sum_{j\neq i}|M_{ij}|=R_i$$

因此 $\lambda \in D(M_{ii}, R_i)$。 ■

现在我们可以回到证明 $\widetilde{\boldsymbol{M}}$ 可对角化的任务上，只需要简单变换下列公式即可。对于

$$\boldsymbol{U}^{-1}\widetilde{\boldsymbol{M}}\boldsymbol{U}=\boldsymbol{U}^{-1}(\boldsymbol{M}+\boldsymbol{E})\boldsymbol{U}=\boldsymbol{D}+\boldsymbol{U}^{-1}\boldsymbol{E}\boldsymbol{U}$$

这个表达式告诉我们什么呢？右边是对角矩阵的摄动，因此我们可以使用 Gershgorin 圆盘定理说明它的特征值接近于 $\boldsymbol{D}$ 的特征值。现在，因为左乘以 $\boldsymbol{U}^{-1}$和右乘以 $\boldsymbol{U}$ 是相似变换，所以这可以反过来告诉我们 $\widetilde{\boldsymbol{M}}$ 的特征值。

让我们来实际使用一下 Gershgorin 圆盘定理，计算 $\widetilde{\boldsymbol{D}}=\boldsymbol{D}+\boldsymbol{U}^{-1}\boldsymbol{E}\boldsymbol{U}$ 的特征值。首先，我们可以按下式约束 $\widetilde{\boldsymbol{E}}=\boldsymbol{U}^{-1}\boldsymbol{E}\boldsymbol{U}$ 的元素的幅值。令$\|\boldsymbol{A}\|_\infty$表示矩阵无穷范数，它是 $\boldsymbol{A}$ 中所有元素的绝对值中的最大值。

引理 3.4.3　$\|\widetilde{\boldsymbol{E}}\|_\infty \leqslant \kappa(\boldsymbol{U})\|\boldsymbol{E}\|$

证明：对于任何 i 和 j，我们都可以将 $\widetilde{E}_{i,j}$ 作为 $\boldsymbol{U}^{-1}$ 的第 i 行和 42 $\boldsymbol{U}$ 的第 j 列作用于 $\boldsymbol{E}$ 的项后的二次型。现在，$\boldsymbol{U}$ 的第 j 列具有最大为 $\sigma_{\max}(\boldsymbol{U}^{-1})$ 的欧几里得范数，同样 $\boldsymbol{U}^{-1}$ 的第 i 行具有最大为 $\sigma_{\max}(\boldsymbol{U}^{-1})=1/\sigma_{\min}(\boldsymbol{U})$ 的欧几里得范数。两者作用在一起，就产生了理想的界。

■

现在，我们证明在适当的条件下，$\widetilde{\boldsymbol{M}}$ 的特征值是互异的。令 $R=\max\limits_i \sum\limits_j |\widetilde{E}_{i,j}|$，且 $\delta=\min\limits_{i\neq j}|D_{i,i}-D_{j,j}|$ 是 $\boldsymbol{D}$ 所有特征值之间的最小距离。

引理 3.4.4　如果 $R<\delta/2$，则 $\widetilde{\boldsymbol{M}}$ 的特征值是互异的。

证明：首先，我们使用 Gershgorin 圆盘定理得出结论，即 $\widetilde{\boldsymbol{D}}$ 的特征值包含在不相交的圆盘中，每一行对应一个。有一个小技巧，Gershgorin 圆盘定理用到了半径，该半径是一行中除了对角元素的各元素的绝对值之和。但我们把它作为一个练习，检查计算是否还能通过。

实际上，我们还没有完成[⊖]。即使 Gershgorin 圆盘定理暗示存在包含 $\widetilde{\boldsymbol{D}}$ 的特征值的不相交的圆盘(每行一个)，我们如何知道没有圆盘包含一个以上的特征值并且没有圆盘不包含特征值呢？事实证明，矩阵的特征值是其元素的连续函数，因此我们定义一个函数：

$$\gamma(t)=(1-t)\boldsymbol{D}+t(\widetilde{\boldsymbol{D}})$$

是从 $\boldsymbol{D}$ 到 $\widetilde{\boldsymbol{D}}$(当 t 从 0 变为 1 时)的路径，Gershgorin 圆盘定理中的圆盘始终是不相交的，此时特征值不能从一个圆盘跳到另一个圆盘。因此，在 $\widetilde{\boldsymbol{D}}$ 处，我们知道每个圆盘上确实存在一个特征值，并

⊖ 感谢 Santosh Vempala 在本书的早期版本中指出了这一差距。也可以参考文献[79]。

且由于这些圆盘是不相交的，因此 $\widetilde{\boldsymbol{D}}$ 的特征值可以根据需要进行区分。当然 $\widetilde{\boldsymbol{D}}$ 和 $\widetilde{\boldsymbol{M}}$ 的特征值相同，因为它们之间有相似性变换的关系。

特征分解对比

现在我们知道 $\widetilde{\boldsymbol{M}}$ 具有互异的特征值，所以 $\widetilde{\boldsymbol{M}}$ 可以写为 $\widetilde{\boldsymbol{M}}=\widetilde{\boldsymbol{U}}\widetilde{\boldsymbol{D}}\widetilde{\boldsymbol{U}}^{-1}$，因为 $\widetilde{\boldsymbol{M}}$ 是可对角化的。让我们回到上一小节的最后一步，$\boldsymbol{M}$ 的特征值与 $\widetilde{\boldsymbol{M}}$ 的特征值之间存在自然的对应关系，因为上一小节中的证明告诉我们，存在一组不相交的圆盘，这些圆盘完全包含 $\boldsymbol{M}$ 的任意一个特征值和 $\widetilde{\boldsymbol{M}}$ 的任意一个特征值。所以我们对 $\widetilde{\boldsymbol{M}}$ 的特征向量进行转换来使得推理更轻松些。让我们假设(不失一般性)所有特征向量都是单位向量。

43

现在假设给定$(\tilde{\boldsymbol{u}}_i,\tilde{\lambda}_i)$和$(\boldsymbol{u}_i,\lambda_i)$，它们分别是 $\widetilde{\boldsymbol{M}}$ 和 $\boldsymbol{M}$ 的对应特征向量-特征值对。令 $\sum_j c_j\boldsymbol{u}_j=\tilde{\boldsymbol{u}}_i$，$\boldsymbol{u}_j$ 是基，通过改变 c_j 来使该表达式成立。我们想证明的是，在上面的表达式中，对所有 $j\neq i$ 来说，c_j 是小的，这意味着 $\boldsymbol{u}_i$ 和 $\tilde{\boldsymbol{u}}_i$ 接近。

引理 3.4.5　对于任意 $j\neq i$ 有

$$|c_j|\leqslant\frac{\|\boldsymbol{E}\|}{\sigma_{\min}(\boldsymbol{U})(\delta-R)}$$

证明：我们将通过变换 $\sum_j c_j\boldsymbol{u}_j=\tilde{\boldsymbol{u}}_i$ 来证明上述引理。首先，将方程的两边都乘以 $\widetilde{\boldsymbol{M}}$，利用$\{\boldsymbol{u}_i\}_i$ 是 $\boldsymbol{M}$ 的特征向量而$\{\tilde{\boldsymbol{u}}_i\}_i$ 是 $\widetilde{\boldsymbol{M}}$ 的特征向量，我们可以得到

$$\sum_j c_j\lambda_j\boldsymbol{u}_j+\boldsymbol{E}\tilde{\boldsymbol{u}}_i=\tilde{\lambda}_i\tilde{\boldsymbol{u}}_i$$

其中移项得到 $\sum_j c_j(\lambda_j - \tilde{\lambda}_i)\boldsymbol{u}_j = -\boldsymbol{E}\tilde{\boldsymbol{u}}_i$。

现在我们要做的是只留下上面表达式左边的一部分系数，用右边的项来约束它。要做到这一点，需要令 $\boldsymbol{w}_j^{\mathrm{T}}$ 为 $\boldsymbol{U}^{-1}$ 的第 j 行，将其左乘至表达式两端得到

$$c_j(\lambda_j - \tilde{\lambda}_i) = -\boldsymbol{w}_j^{\mathrm{T}}\boldsymbol{E}\tilde{\boldsymbol{u}}_i$$

现在让我们对这个表达式中的项进行约束。首先对于任何 $i \neq j$，根据 Gershgorin 圆盘定理，我们有 $|\lambda_j - \tilde{\lambda}_i| \geqslant |\lambda_j - \lambda_i| - R \geqslant \delta - R$。其次，$\tilde{\boldsymbol{u}}_i$ 是一个单位向量并假定 $\|\boldsymbol{w}_j\| \leqslant 1/\sigma_{\min}(\boldsymbol{U})$，由这些不等式即可证明引理。■

我们将上面证明过的三个引理组合起来，给出关于 $\boldsymbol{U}$ 与 $\tilde{\boldsymbol{U}}$ 的近似程度的定量界，这是我们一开始的目标。

引理 3.4.6　令 $\boldsymbol{M}$ 为 $n \times n$ 矩阵，其特征分解为 $\boldsymbol{M} = \boldsymbol{U}\boldsymbol{D}\boldsymbol{U}^{-1}$。令 $\tilde{\boldsymbol{M}} = \boldsymbol{M} + \boldsymbol{E}$，最后令

$$\delta = \min_{i \neq j} |D_{i,i} - D_{j,j}|$$

即 $\boldsymbol{M}$ 的特征值之间的最小间隔。

1) 如果 $\kappa(\boldsymbol{U})\|\boldsymbol{E}\|n < \frac{\delta}{2}$，则 $\tilde{\boldsymbol{M}}$ 是可对角化的。

2) 如果 $\tilde{\boldsymbol{M}} = \tilde{\boldsymbol{U}}\tilde{\boldsymbol{D}}\tilde{\boldsymbol{U}}^{-1}$，则存在置换 $\pi: [n] \to [n]$，对于所有的 i 都有

$$\|\boldsymbol{u}_i - \tilde{\boldsymbol{u}}_{\pi(i)}\| \leqslant \frac{2\|\boldsymbol{E}\|n}{\sigma_{\min}(\boldsymbol{U})(\delta - \kappa(\boldsymbol{U})\|\boldsymbol{E}\|n)}$$

44　其中 $\{\boldsymbol{u}_i\}_i$ 是 $\boldsymbol{U}$ 的列，$\{\tilde{\boldsymbol{u}}_i\}_i$ 是 $\tilde{\boldsymbol{U}}$ 的列。

证明：定理的第一部分是结合引理 3.4.3 和引理 3.4.4 得出的。

对于定理的第二部分，让我们固定 i 并使 $\boldsymbol{P}$ 投影到 $\boldsymbol{u}_i$ 的正交补空间。然后，利用基本几何知识以及特征向量都是单位向量这一事实，我们有

$$\|\boldsymbol{u}_i - \tilde{\boldsymbol{u}}_{\pi(i)}\| \leqslant 2\|\boldsymbol{P}\tilde{\boldsymbol{u}}_{\pi(i)}\|$$

等式右边的界为

$$\|\boldsymbol{P}\tilde{\boldsymbol{u}}_{\pi(i)}\| = \left\|\sum_{j\neq i} c_j \boldsymbol{P}\boldsymbol{u}_j\right\| \leqslant \sum_{j\neq i} |c_j|$$

引理 3.4.5 给出了系数 c_j 的界，从而完成了定理的证明。 ■

提早警告你，界的估计是比较容易出错的！它也绝不是最优化的。但是，可以遵循我们所得到的定性推论：如果 $\|\boldsymbol{E}\| \leqslant \text{poly}(1/n, \sigma_{\min}(\boldsymbol{U}), 1/\sigma_{\max}(\boldsymbol{U}), \delta)$（即，如果采样噪声相比于矩阵的维度、$\boldsymbol{U}$ 的条件数和最小特征值间隔足够小），则 $\boldsymbol{U}$ 和 $\tilde{\boldsymbol{U}}$ 接近。

张量分解

现在，让我们回到 Jennrich 算法。我们不能忍受混乱的界，所以我们着手解决，利用下面的符号来隐藏混乱的界，令

$$\boldsymbol{A} \xrightarrow{\boldsymbol{E}\to 0} \boldsymbol{B}$$

表示当 $\boldsymbol{E}$ 趋于零时，$\boldsymbol{A}$ 以逆多项式速率收敛到 $\boldsymbol{B}$。我们将使用此符号作为占位符，每次看到它时，都可以认为已经代数计算出 $\boldsymbol{A}$ 与 $\boldsymbol{B}$ 在 $\boldsymbol{E}$ 和我们收集的其他各种因子方面的接近程度。

有了这个符号，我们要做的就是定性地跟踪误差如何在 Jennrich 算法中传播。如果令 $\tilde{\boldsymbol{T}} = \boldsymbol{T} + \boldsymbol{E}$，那么 $\tilde{\boldsymbol{T}} \xrightarrow{\boldsymbol{E}\to 0} \boldsymbol{T}$ 和 $\tilde{\boldsymbol{T}}^{(a)} \xrightarrow{\boldsymbol{E}\to 0} \boldsymbol{T}^{(a)}$，其中 $\tilde{\boldsymbol{T}}^{(a)} = \sum_i a_i \tilde{\boldsymbol{T}}_{\cdot,\cdot,i}$。我们留给读者检查是否存在自然条件，使得

$$(\widetilde{\boldsymbol{T}}^{(b)})^{+} \xrightarrow{\boldsymbol{E}\rightarrow 0} (\boldsymbol{T}^{(b)})^{+}$$

作为一个线索，该收敛取决于 $\boldsymbol{T}^{(b)}$ 的最小奇异值，或者换句话说，如果 $\boldsymbol{E}$ 与 $\boldsymbol{T}^{(b)}$ 的最小奇异值相比并不小，那么通常我们不能说 $(\boldsymbol{T}^{(b)})^{+}$ 和 $(\widetilde{\boldsymbol{T}}^{(b)})^{+}$ 接近。

45

无论如何，结上所述，我们有

$$\widetilde{\boldsymbol{T}}^{(a)}(\widetilde{\boldsymbol{T}}^{(b)})^{+} \xrightarrow{\boldsymbol{E}\rightarrow 0} \boldsymbol{T}^{(a)}(\boldsymbol{T}^{(b)})^{+}$$

右边的特征向量是 $\boldsymbol{U}$ 的列，令 $\widetilde{\boldsymbol{U}}$ 的列是左边的特征向量。由于左边以逆多项式速率收敛到右边，所以我们可以在特征分解上使用我们的摄动界理论(定理 3.4.6)得出结论：它们的特征向量也在以多项式逆的速率收敛。特别是在 $\widetilde{\boldsymbol{U}} \xrightarrow{\boldsymbol{E}\rightarrow 0} \boldsymbol{U}$ 处，其中我们混用了符号，因为上面的收敛仅是在我们适当地排列 $\widetilde{\boldsymbol{U}}$ 的列之后才出现的。同理，我们有 $\widetilde{\boldsymbol{V}} \xrightarrow{\boldsymbol{E}\rightarrow 0} \boldsymbol{V}$。

最后，我们通过求解 $\widetilde{\boldsymbol{U}}$ 和 $\widetilde{\boldsymbol{V}}$ 条件下的线性方程组来计算 $\widetilde{\boldsymbol{W}}$。可以表明 $\widetilde{\boldsymbol{W}} \xrightarrow{\boldsymbol{E}\rightarrow 0} \boldsymbol{W}$，因为 $\widetilde{\boldsymbol{U}}$ 和 $\widetilde{\boldsymbol{V}}$ 接近于良态矩阵 $\boldsymbol{U}$ 和 $\boldsymbol{V}$，这意味着 $\widetilde{\boldsymbol{U}}$ 中第 i 列与 $\widetilde{\boldsymbol{V}}$ 中第 i 列的张量积中得到的线性方程组也是良态的。

以上就是所有的证明过程，充分证明了如何让 Jennrich 算法在存在噪声的情况下提升性能。这可以让我们轻松一点，在无噪声($\boldsymbol{E}=0$)的情况下分析我们的学习算法，但我们也总是可以知道特征分解的各种摄动界，跟踪所有误差是如何传播的，并分析我们找到的隐含因子和真实隐含因子的近似程度。这就是我之前说的好的解决方案。你不必在每次使用张量分解时都考虑这些摄动界，但是应该知道它们的存在，因为它们确实是使用张量分解来解决存在采样噪声问题的合理方法。

3.5 练习

问题 3-1

(a) 假设我们想要解决线性方程组 $\boldsymbol{A}\boldsymbol{x}=\boldsymbol{b}$（其中 $\boldsymbol{A}\in\mathbb{R}^{n\times n}$ 是可逆方阵），但是我们只能获得一个带噪声的向量 $\tilde{\boldsymbol{b}}$，满足

$$\frac{\|\boldsymbol{b}-\tilde{\boldsymbol{b}}\|}{\|\boldsymbol{b}\|}\leqslant\varepsilon$$

和一个噪声矩阵 $\widetilde{\boldsymbol{A}}$ 满足 $\|\boldsymbol{A}-\widetilde{\boldsymbol{A}}\|\leqslant\delta$（在范数算子下）。令 $\tilde{\boldsymbol{x}}$ 为 $\widetilde{\boldsymbol{A}}\tilde{\boldsymbol{x}}=\tilde{\boldsymbol{b}}$ 的解。证明

46

$$\frac{\|\boldsymbol{x}-\tilde{\boldsymbol{x}}\|}{\|\boldsymbol{x}\|}\leqslant\frac{\varepsilon\sigma_{\max}(\boldsymbol{A})+\delta}{\sigma_{\min}(\boldsymbol{A})-\delta}$$

其中 $\delta<\sigma_{\min}(\boldsymbol{A})$。

(b) 现在假设我们确切地知道 $\boldsymbol{A}$，但是 $\boldsymbol{A}$ 的条件比较差甚至是奇异的。我们想证明仍然可能恢复 $\boldsymbol{x}$ 的一个特殊的坐标 x_j。令 $\tilde{\boldsymbol{x}}$ 为 $\boldsymbol{A}\tilde{\boldsymbol{x}}=\tilde{\boldsymbol{b}}$ 的解，并且定义 $\boldsymbol{a}_i$ 来表示 $\boldsymbol{A}$ 的列 i。证明

$$|x_j-\tilde{x}_j|\leqslant\frac{\|\boldsymbol{b}-\tilde{\boldsymbol{b}}\|}{C_j}$$

其中 C_j 是 $\boldsymbol{a}_j$ 在张成的空间($\{\boldsymbol{a}_i\}_{i\neq j}$)正交补上的投影范数。

问题 3-2　在多参考对齐问题中，我们观察到同一个未知信号 $\boldsymbol{x}\in\mathbb{R}^d$ 的很多带噪声的样本副本，但是每一个样本副本都以随机偏置被循环漂移，如图 3.1 所示。

形式化表述为：对于 $i=1,2,\cdots,n$，我们观察到

$$y_i=R_{\ell_i}\boldsymbol{x}+\xi_i$$

其中 ℓ_i 是从$\{0,1,\cdots,d-1\}$均匀随机选出的独立变量，R_ℓ 是将向量循环左移 ℓ 的算子，$\xi_i\sim\mathcal{N}(0,\sigma^2\boldsymbol{I}_{d\times d})$，其中$\{\xi_i\}_i$ 是独立的，并且 $\sigma>0$ 是一个已知的常量。考虑 d、x 和 σ 在 $n\to\infty$ 时是固定的。目标是恢复 $\boldsymbol{x}$(或者 $\boldsymbol{x}$ 的一个循环漂移)。

(a) 考虑张量 $\boldsymbol{T}(\boldsymbol{x})=\dfrac{1}{d}\sum\limits_{\ell=0}^{d-1}(R_\ell\boldsymbol{x})\otimes(R_\ell\boldsymbol{x})\otimes(R_\ell\boldsymbol{x})$。给出如何利用样本 y_i 来预测 $\boldsymbol{T}$(其中误差随着 $n\to\infty$ 而趋近于零)，带有重复索引的元素要格外注意(比如 T_{aab}、T_{aaa})。

(b) 给定 $\boldsymbol{T}(\boldsymbol{x})$，证明 Jennrich 算法能用来恢复 $\boldsymbol{x}$。假设 $\boldsymbol{x}$ 在下面的场景中是普遍的，令 $\boldsymbol{x}'\in\mathbb{R}^d$ 为任意的，$\boldsymbol{x}$ 通过在 $\boldsymbol{x}'$的第一个元素上增加一个摄动 $\delta\sim\mathcal{N}(0,\varepsilon)$ 得到。提示：创造一个行是 $\{R_\ell\boldsymbol{x}\}_{0\leqslant\ell<d}$的矩阵，此时所有的对角元素都是 x_1。

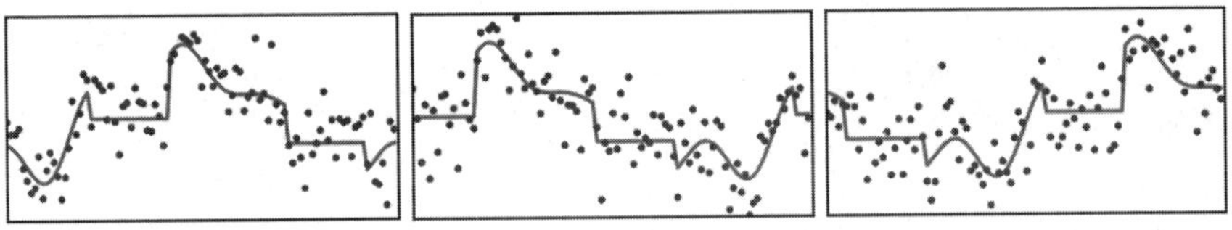

47

图 3.1　真实信号 $\boldsymbol{x}$ 的三个漂移副本用线表示，噪声样本 y_i 用点表示(来自文献[23])

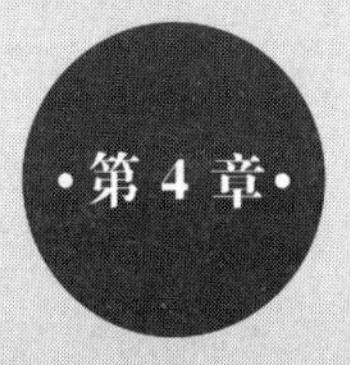

张量分解：应用

很多问题都可以利用如下步骤解决。第一步，选择一些参数的分布族并确定参数的分布类型。这些选定的分布族足够复杂，表达足够丰富，可以对诸如进化、写作和社交网络的形成等复杂事物进行建模。第二步，设计一些算法来学习其中未知的参数。也可以认为这一步骤是在数据中发现潜在结构或规律，就像一个可以解释物种如何互相进化的生命树，一个可以反映文档集合的主题，或者一个由社交网络中紧密相连的个体所组成的社区。在本章中，我们介绍的所有算法都基于张量分解。我们将根据数据的分布构建张量并应用 Jennrich 算法寻找潜在因子并计算出模型的未知参数。

4.1 进化树和隐马尔可夫模型

我们介绍的第一个张量分解应用是进化树的学习。在我们深入了解模型的细节之前，了解构建模型的动机是有益的。进化生物学的一个核心问题是将生命树拼凑在一起。生命树描述了物种是如何相互进化的。更准确地说，生命树是一棵二叉树，其叶子结点表示现存物种(即目前仍然存在的物种)，其内部结点表示已灭绝的物种。当一个内部结点有两个子结点时，它表示一个物种形成事件，即该物种的两个种群形成了两个不同的物种。

48

我们介绍一个定义在这棵树上的随机模型，该模型中的每一条边都引入了一定的随机性来模拟变异。更准确地说，我们的模型包含以下部分：

(1) 一个根结点为 r 的二叉树(叶子结点并不需要具有同样的深度)。

(2) 一个状态集合 Σ，比如 $\Sigma=\{A,C,G,T\}$。我们用 k 来表示集合中元素的个数，即 $k=|\Sigma|$。

(3) 一个在该树上建立的马尔可夫模型，即一个根结点状态的分布 π_r 以及每条边(u, v)的转移矩阵 $\boldsymbol{P}^{uv}$。

我们可以通过如下步骤生成一个样本。首先基于 π_r 选择根结点的一个状态。然后，对于每一个结点 v(假设其父结点为 u)，我们基于由 $\boldsymbol{P}^{uv}$ 的第 i 行定义的分布来选择 v 结点的状态，i 表示 u 结点的状态。或者，我们可以考虑使用一个随机函数 $s(\cdot):V\to\Sigma$ 来分配结点的状态，其中，在 $s(r)$上的边缘分布为 π_r，并且

$$P_{ij}^{uv}=\mathbb{P}(s(v)=j\,|\,s(u)=i)$$

注意到当从 v 到 t 在树上的(唯一)最短路径经过 u 时，$s(v)$就独立于以 $s(u)$为条件的 $s(t)$。

在本章中，我们的主要目的是在模型上有足够的样本的情况下学习有根树和转移矩阵。现在是时候将其重新与生物学关联起来了。从模型上获得的一个样本究竟表示什么？如果我们已经对现存的每一个物种进行了测序，而且这些序列已经正确地排列好了，我们就可以认为这些序列中的第 i 个符号是由上述模型中配置好的叶子结点的状态生成的一个样本来表示的。当然，对实际的生物学问题而言，这有点过度简化了，但我们仍然能据此捕捉和体会到许多有意思的现象。

从上面可以了解到，存在两个单独的任务：学习拓扑结构以及估计转移矩阵。我们获得拓扑结构的方法将主要基于 Steel[133] 以及 Erdos、Steel、Szekely 和 Warnow[69] 的基础工作。一旦我们了解了拓扑结构，就可以基于 Chang[47] 以及 Mossel 和 Roch[115] 的方法，应用张量分解来获得转移矩阵。

学习拓扑结构

这里我们将重点关注学习树的拓扑结构。Steel[133] 提出的精彩想法在于利用某种方法来定义进化距离。定义该距离的关键之处在于：树中的每一条边能被分配一个非负值；任意点对的距离能够在只给定联合分布情况下被估计。所以，怎样的函数能够具有上述神奇的特性呢？首先，对于任意点对 a 和 b，我们用 $\boldsymbol{F}^{ab}$ 这个 $k\times k$ 的矩阵来表示它们的联合分布：

$$\boldsymbol{F}_{ij}^{ab}=\mathbb{P}(s(a)=i,\ s(b)=j)$$

49

定义 4.1.1 由 Steel 提出的关于边 (u,v) 的进化距离为：

$$v_{uv}=-\ln|\det(\boldsymbol{P}^{uv})|+\frac{1}{2}\ln\left(\prod_{i\in[k]}\pi_u(i)\right)-\frac{1}{2}\ln\left(\prod_{i\in[k]}\pi_v(i)\right)$$

Steel 证明了关于该距离函数的两个基本性质，如下引理所示：

引理 4.1.2 Steel 的进化距离满足：

1）v_{uv} 是非负的。

2）对任意结点对 a 和 b，我们有

$$\psi_{ab}:=-\ln|\det(\boldsymbol{F}^{ab})|=\sum_{(u,v)\in p_{ab}}v_{uv}$$

其中 p_{ab} 是连接树上 a 和 b 结点的最短路径。

该距离之所以十分有用是因为，对于任意叶子结点对 a 和 b，我们可以从样本中估算 $\boldsymbol{F}^{ab}$，因此我们能(近似)计算叶子结点上的 ψ_{ab} 值。所以从现在开始，我们能够想象在树的边上有一些非负函数，可以据此来计算连接任意两片叶子结点的路径距离和。

重构四点拓扑

现在我们将使用 Steel 的进化距离，通过一次将图片中的四个结点拼接在一起来计算拓扑结构。

我们的目标是在给定成对距离的情况下，确定哪些诱导拓扑是真正的拓扑结构。

引理 4.1.3 如果树中的所有距离都是严格正的，那么给定一个可以计算任意一对结点之间距离的信息源，就可以确定任意四个结点 a、b、c 和 d 上的诱导拓扑。

证明：我们将通过案例分析证明。考虑结点 a、b、c 和 d 之间三种可能的诱导拓扑，如图 4.1 所示。在这里，我们所说的诱导拓扑删除了不在四个叶子结点中任意一对之间的最短路径上的边，并将可能的路径收缩到一条边上。

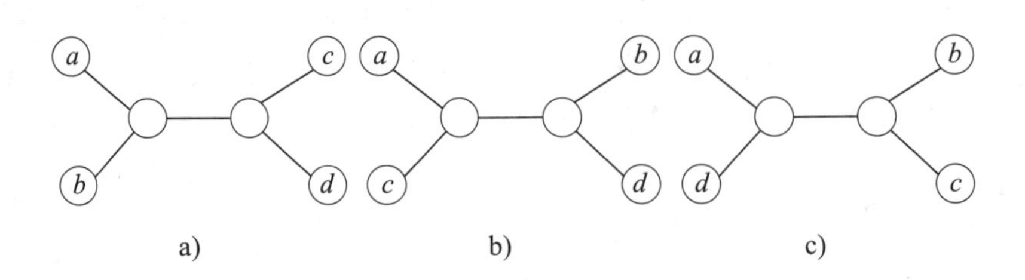

图 4.1 可能的四点拓扑

很容易发现在拓扑 a 中我们有

$$\psi(a,b)+\psi(c,d)<\min\{\psi(a,c)+\psi(b,c),\psi(a,d)+\psi(b,d)\}$$

但是在拓扑 b 或 c 中这个不等式并不成立。仍然有类似的方法来识别其他拓扑结构，同样是基于对偶距离，即通过简单计算以下这三个值：$\psi(a,b)+\psi(c,d)$、$\psi(a,c)+\psi(b,c)$和 $\psi(a,d)+\psi(b,d)$。其中最小的一个值决定了是拓扑 a、b 还是 c。 ■

50

实际上，根据上述四点拓扑的测试例子，我们可以恢复树的拓扑结构。

引理 4.1.4 *如果对于任意叶子结点组 a、b、c 和 d，我们可以确定诱导拓扑，则我们能进一步确定树的拓扑。*

证明：方法是首先确定哪些叶子结点对具有相同的父结点，然后确定哪些叶子结点对具有相同的祖父结点，依此类推。首先，固定一对叶子结点 a 和 b。很容易发现，当且仅当对于每一个其他叶子结点对 c 和 d，四点拓扑测试返回拓扑 a 时，它们有相同的父结点。现在，如果我们想要确定一对叶子结点 a 和 b 是否具有相同的祖父结点，可以修改上述判断方法。当且仅当其他每一个叶子结点对 c 和 d 都不是 a 或 b 的相邻结点时，且四点拓扑测试返回拓扑 a 时，它们有相同的祖父结点。本质上，我们通过先找到最接近的结点对来构建树。 ■

一个重要的技术要点是，我们只能从我们的样本中估计 $\boldsymbol{F}^{ab}$。当 a 和 b 很接近的时候，这可以被转化为对 ψ_{ab} 的一个好的近似。但当 a 和 b 互相远离时，结果会含噪声。根本而言，Erdos、Steel、Szekely 和 Warnow 的方法[69]只在所有结点间的距离都较近的情况下使用四点拓扑测试。

估计转移矩阵

现在假设我们已经知道了树的拓扑结构，我们将目光聚焦于如何估计转移矩阵。我们的方法是使用张量分解。为此，对于任意三

个叶子结点 a、b 和 c，$\boldsymbol{T}^{abc}$ 表示一个 $k\times k\times k$ 的张量，其被定义如下：

51

$$T_{ijk}^{abc}=\mathbb{P}(s(a)=i,s(b)=j,s(c)=k)$$

这其实是分布的三阶矩，它可以从样本中估计出来。在本节中，我们假设转移矩阵是满秩的。这意味着我们可以任意设定树的根结点。现在考虑位于 a、b 和 c 之间所有最短路径上的唯一结点，让它成为根结点。我们有

$$\begin{aligned}\boldsymbol{T}^{abc}&=\sum_{\ell}\mathbb{P}(s(r)=\ell)\mathbb{P}(s(a)=\cdot\mid s(r)=\ell)\\&\quad\otimes\mathbb{P}(s(b)=\cdot\mid s(r)=\ell)\\&\quad\otimes\mathbb{P}(s(c)=\cdot\mid s(r)=\ell)\\&=\sum_{\ell}\mathbb{P}(s(r)=\ell)\boldsymbol{P}_{\ell}^{ra}\otimes\boldsymbol{P}_{\ell}^{rb}\otimes\boldsymbol{P}_{\ell}^{rc}\end{aligned}$$

这里我们用 $\boldsymbol{P}_{\ell}^{rx}$ 表示转移矩阵 $\boldsymbol{P}^{rx}$ 的第 ℓ 行。

我们现在可以应用3.3节的算法来对 $\boldsymbol{T}$ 进行张量分解，分解得到的因子在缩放后是唯一的。进一步地，这些因子是概率分布，因而我们可以对它们进行合适的归一化。我们将此过程称为*星点检验*(star test)。(实际上，3.3节中的张量分解算法已经被多次重新发现，它也被称为Chang式引理[47]。)

在文献[115]中，Mossel和Roch使用这种方法在给定树拓扑的条件下得到了进化树的转移矩阵，过程如下：我们假设 u 和 v 是非叶结点，w 是一个叶子结点。进一步地，假设 v 在 u 和 w 之间的最短路径上。基本的想法是根据

$$\boldsymbol{P}^{uw}=\boldsymbol{P}^{uv}\boldsymbol{P}^{vw}$$

如果我们能得到 $\boldsymbol{P}^{uw}$ 和 $\boldsymbol{P}^{vw}$(使用之前提到的星点检验)，那么我们

可以计算得到 $\boldsymbol{P}^{uv}=\boldsymbol{P}^{uw}(\boldsymbol{P}^{vw})^{-1}$，因为我们假设了转移矩阵是可逆的。

不过，这会产生两个严重的难题：

1）在寻找拓扑时，长路径含有过多噪声。

Mossel 和 Roch 表明，只需查询短路径就可以得到转移矩阵。

2）我们只能至多通过重新标记来恢复张量的成分。

在上述星点检验中，我们可以对 r 的状态应用任何排列，并相应地对转移矩阵 $\boldsymbol{P}^{ra}$、$\boldsymbol{P}^{rb}$ 和 $\boldsymbol{P}^{rc}$ 的行进行置换，从而使 a、b 和 c 上得到的联合分布保持不变。

然而，Mossel 和 Roch 的方法是在 Valiant[138] 的可能大致正确的学习框架中工作的，其目标是学习一个在叶子结点上产生几乎相同的联合分布的生成模型。特别是，如果有多种方法来标记非叶结点，从而在叶子结点上产生相同的联合分布，那么我们对此是不关心的。

52

备注 4.1.5 隐马尔可夫模型是进化树的特例，其隐含的拓扑结构是 caterpillar。请注意，对于上述算法，我们需要的转移矩阵和观测矩阵是满秩的。

更准确地说，我们要求转移矩阵是可逆的。观测矩阵的行由隐藏结点的状态索引，观测矩阵的列由输出符号索引。我们同时要求每一个观测矩阵都是满秩的。

跳脱满秩？

前面的算法假设所有的转移矩阵都是满秩的。实际上，如果我们去掉这个假设，那么很容易嵌入噪声奇偶性问题[37]的一个实例，这是一个经典的难学习的问题。首先让我们无噪声地定义这个问题：

假设 $S\subset[n]$，对 $j=1,\cdots,m$，独立且均匀地随机选择 $\boldsymbol{X}^{(j)}\in\{0,1\}^n$。对每个 j 给定 $\boldsymbol{X}^{(j)}$ 和 $b^{(j)}=\chi_S(\boldsymbol{X}^{(j)}):=\sum_{i\in S}X_i^{(j)} \bmod 2$，目标是恢复 S。

这十分简单：假设 $\boldsymbol{A}$ 是一个矩阵，其第 j 行是 $\boldsymbol{X}^{(j)}$，并假设 $\boldsymbol{b}$ 为一个列向量，其第 j 个元素是 $b^{(j)}$。很容易发现 $\mathbb{1}_S$ 是线性系统 $\boldsymbol{Ax}=\boldsymbol{b}$ 的一个解，其中 $\mathbb{1}_S$ 是 S 的指示函数。进一步地，如果我们选择 $\Omega(n\log n)$ 的样本，那么 $\boldsymbol{A}$ 便有很大的概率是列满秩的，因而解是唯一的。我们可以通过在 $GF(2)$ 上求解一个线性系统来得到 S。

然而，对上述问题的细微更改并没有改变样本的复杂性，但使问题变得更加困难。噪声奇偶性问题便是其中之一。对于每个 j，我们独立地以 2/3 的概率给定 $b^{(j)}=\chi_S(\boldsymbol{X}^{(j)})$，否则 $b^{(j)}=1-\chi_S(\boldsymbol{X}^{(j)})$。挑战在于我们不知道哪些标签被翻转了。

声明 4.1.6 *存在指数时间的算法来解决使用 $m=O(n\log n)$ 样本的噪声奇偶性问题。*

53

证明：对每个 T，计算使 χ_T 与观测标签一致的样本的比率，即：

$$\frac{1}{m}\sum_{j=1}^{m}\mathbb{1}_{\chi_T(\boldsymbol{X}^{(j)})=b^{(j)}}$$

从标准集中范围来看，当且仅当 $S=T$ 时，在高概率情况下，该值大于(比如)3/5。 ■

Blum、Kalai 和 Wasserman[37] 提出的最著名的算法具有运行时间和样本复杂度 $2^{n/\log n}$，人们普遍认为，即使给定任意多项式样本数，也没有多项式时间算法用于噪声奇偶校验。这是一个很好的例子，其样本复杂度和计算复杂度(猜想)是大不相同的。

接下来，我们将展示如何将来自噪声奇偶性问题的例子嵌入隐马尔可夫模型中。然而，要做到这一点，我们将使用非满秩的转移矩阵。考虑一个有 n 个隐藏结点的隐马尔可夫模型，其中第 i 个隐藏结点编码用于表示 X 的第 i 个坐标，运行奇偶校验：

$$\chi_{S_i}(X) := \sum_{i' \leqslant i, i' \in S} X(i') \bmod 2$$

因此，每个结点有四种可能的状态。我们可以定义如下转移矩阵。设 $s(i)=(x_i, s_i)$为第 i 个非叶结点的状态，这里 $s_i=\chi_{S_i}(X)$。

我们可以定义如下的转移矩阵：

$$\text{如果 } i+1 \in S \qquad p^{i,i+1} = \begin{cases} \dfrac{1}{2} & (0, s_i) \\ \dfrac{1}{2} & (1, s_i+1 \bmod 2) \\ 0 & \text{其他情况} \end{cases}$$

$$\text{如果 } i+1 \notin S \qquad p^{i,i+1} = \begin{cases} \dfrac{1}{2} & (0, s_i) \\ \dfrac{1}{2} & (1, s_i) \\ 0 & \text{其他情况} \end{cases}$$

对每个内部结点，我们观察 x_i，同时，对最后一个结点，我们也以 2/3 的概率观察到 $\chi_S(X)$，其余情况下为 $1-\chi_S(X)$。噪声奇偶性问题中的每个样本都是该隐马尔可夫模型的一组观测值。如果我们能学习它的转移矩阵，就一定能学习 S 并解决噪声奇偶性问题。

注意，这里的观测矩阵肯定不是满秩的，因为我们只观察到两种可能的排放，尽管每个非叶结点有四种可能的状态！因此，当转移矩阵(或观测矩阵)不满秩时，这些问题变得更加困难！

4.2 社区发现

本节将给出张量方法在社区发现中的应用。我们希望在许多环境中发现社区，即由紧密联系的个人组成的群体。在这里，我们将着重于图论方法，把一个社区看作一组结点，这些结点彼此之间的连接比与组外结点的连接更好。我们有很多方法可以将这个概念形式化，每一种方法都会导致不同的优化问题，例如最稀疏割或 k-稠密子图。

然而，这些优化问题中的每一个都是 NP-hard 问题，更糟糕的是，它们很难近似。因此，我们将用一个通常案例模型来描述我们的问题，案例模型中具有一个潜在的社区结构用于生成随机图。我们的目标是能以较高的概率从图中发现并恢复真实的社区。

随机块模型

这里我们来介绍随机块模型，它被用来生成一个 $|V|=n$ 的随机图。此外，这个模型由参数 p 和 q 以及一个由 π 定义的分割函数所决定：

- $\pi: V \rightarrow [k]$ 将顶点 V 分割为 k 个不相交的组（稍后我们将放宽这一条件）。
- 每对可能的边 (u,v) 都被独立地选出，并且

$$\mathbb{P}[(u,v) \in E] = \begin{cases} q & \pi(u) = \pi(v) \\ p & \text{其他情况} \end{cases}$$

我们将设置 $q>p$，这被称为分类情况，但是当 $q<p$ 时，这个模型也有意义，这被称为不分类情况。例如，当 $q=0$ 时，我们生成一个

具有 k-着色植入的随机图。不管怎样，我们观察到一个由上述模型生成的随机图，我们的目标是恢复由 π 所描述的分区。

这什么时候在信息论上是可能的？实际上，即使对于 $k=2$ 且 π 表示一个二分线，我们需要

$$q-p>\Omega\left(\sqrt{\frac{\log n}{n}}\right)$$

以使得真正的二分线成为具有较高概率将随机图 G 一分为二的唯一最小割。如果 $q-p$ 较小，那么在信息论上不可能找到 π。实际上，我们还应该要求分块的每个部分都是大的，为了简单起见，我们假设 $k=O(1)$ 并且 $|\{u \mid \pi(u)=i\}|=\Omega(n)$。

55

现在已经有了许多在随机块模型中对随机图进行划分的研究，具有代表性的是 McSherry 的工作[109]：

定理 4.2.1[109] 有一种有效的算法可以恢复 π（直至重新标记），如果

$$\frac{q-p}{q}>c\sqrt{\frac{\log n/\delta}{qn}}$$

并且成功的概率至少为 $1-\delta$。

该算法基于频谱聚类。在该算法中，我们将观测到的邻接矩阵看作编码 π 的秩 k 矩阵和一个误差项的总和。如果误差较小，那么我们可以通过找到邻接矩阵的最佳秩 k 近似来恢复接近真实的秩 k 矩阵的值。详见文献[109]。

我们将遵循 Anandkumar 等人[9]利用张量分解的方法。事实上，他们的算法也适用于混合成员模型，其中我们认为每个结点是 $[k]$ 上的一个分布。那么，如果 π^u 和 π^v 是 u 和 v 的概率分布，则边

(u,v)的概率为 $\sum_{i}\pi_i^u\pi_i^v q+\sum_{i\neq j}\pi_i^u\pi_j^v p$。我们可以把这个概率解释为：$u$ 和 v 分别根据 π^u 和 π^v 选择一个社区，如果它们选择同一个社区，则有一个边的概率为 q，否则有一个边的概率为 p。

计算三边星个数

当我们使用张量分解时，真实发生的是我们在寻找条件独立的随机变量。当我们用它们来学习进化树的转移矩阵时，我们就是这样做的。在那个例子里，一旦我们以它们之间最短路径相遇的唯一结点 r 的状态为条件，a、b 和 c 的状态就是独立的。这里，我们也将会考虑类似的事情。

如果我们有四个结点 a、b、c 和 x 并且以 x 属于哪个社区为条件，那么无论(a,x)、(b,x)和(c,x)是否是图中的边，它们都是独立的随机变量。当三个边都存在时，这被称为*三边星*。我们将建立一个张量来计算三边星的个数，如下所示。首先把 V 划分为四个集合 X、A、B 和 C。然后让 $\boldsymbol{\Pi}\in\{0,1\}^{V\times k}$ 表示结点到社区的(未知)分配，所以 $\boldsymbol{\Pi}$ 的每行仅含有一个 1。最后，设 $\boldsymbol{R}$ 为 $k\times k$ 的矩阵，矩阵中的每个元素表示连接的概率，即：

56

$$(\boldsymbol{R})_{ij}=\begin{cases}q & i=j\\ p & i\neq j\end{cases}$$

考虑乘积 $\boldsymbol{\Pi R}$。$\boldsymbol{\Pi R}$ 的第 i 列编码了社区 i 中的结点到给定行对应的结点存在边的概率。

$$(\boldsymbol{\Pi R})_{xi}=\Pr[(x,a)\in E|\pi(a)=i]$$

我们将使用$(\boldsymbol{\Pi R})_i^A$ 来表示矩阵 $\boldsymbol{\Pi R}$ 在 A 中的第 i 列向量。对 B 和 C 也是类似的。此外，假设 p_i 表示 X 中的结点在社区 i 中的比率。我们的算法主要围绕以下张量：

$$T = \sum_i p_i (\boldsymbol{\Pi R})_i^A \otimes (\boldsymbol{\Pi R})_i^B \otimes (\boldsymbol{\Pi R})_i^C$$

一个关键的声明是：

声明 4.2.2　假设 $a \in A$，$b \in B$ 且 $c \in C$，有

$$T_{a,b,c} = \mathbb{P}[(x,a),(x,b),(x,c) \in E]$$

其中 x 是均匀随机地从 X 和 G 中包含的边中选取的。

这是上面讨论的直接结果。有了这个张量，我们需要证明的关键点是：

1）因子$\{(\boldsymbol{\Pi R})_i^A\}_i$、$\{(\boldsymbol{\Pi R})_i^B\}_i$ 和$\{(\boldsymbol{\Pi R})_i^C\}_i$ 是线性无关的。

2）我们可以从$\{(\boldsymbol{\Pi R})_i^A\}_i$ 中恢复分割 π（直至对结点所处的社区重新标记）。

我们将忽略准确估计 $\boldsymbol{T}$ 的问题，这种情况相当于选择 X 远大于 A、B 或 C，同时应用适当的集中范围。无论如何，现在让我们弄清楚为什么隐含因子是线性独立的。

引理 4.2.3　如果 A、B 和 C 具有来自每个社区的至少一个结点，则因子$\{(\boldsymbol{\Pi R})_i^A\}_i$、$\{(\boldsymbol{\Pi R})_i^B\}_i$ 和$\{(\boldsymbol{\Pi R})_i^C\}_i$ 都是线性无关的。

证明：首先，很容易发现 $\boldsymbol{R}$ 是满秩的。现在，如果 A 具有来自每个社区的至少一个结点，$\boldsymbol{R}$ 的每行都出现在$(\boldsymbol{\Pi R})^A$ 中，这意味着它列满秩。同样的论证对 B 和 C 也成立。■　57

实际上，我们需要因子不仅满秩而且满足很好的约束。与上一个引理中相同类型的论点表明，只要 A、B 和 C 中的每个社区都能得到很好的代表（如果 A、B 和 C 足够大且随机选择，则发生这种情况的概率很高），则因子$\{(\boldsymbol{\Pi R})_i^A\}_i$、$\{(\boldsymbol{\Pi R})_i^B\}_i$ 和$\{(\boldsymbol{\Pi R})_i^C\}_i$ 可以

得到很好的约束。

现在让我们从隐含因子中恢复社区结构。首先，如果我们得到了$\{(\boldsymbol{\Pi R})_i^A\}_i$，那么只需将对应行相同的结点分组在一起来对$A$进行社区划分。反过来，如果$A$足够大，那么我们可以将这种划分扩展到整个图：当且仅当与x连接的满足$a \in A$且$\pi(a)=i$的结点非常接近q，我们添加一个结点$x \notin A$到社区i中。如果A足够大并且我们已经正确地恢复了它的社区结构，那么在这个过程中有很大的概率恢复整个图中的真实社区。

请参考文献[9]，它对算法进行了全面的分析，包括其样本复杂度和准确性。Anandkumar 等人也给出了一个混合成员模型的算法，算法中每个π_u都是从一个狄利克雷分布中取出的。我们将不讨论后者代表的扩展方法，因为接下来我们将在主题模型的设置中解释这一类技术。

讨论

我们注意到随机块模型有一些强大的扩展版本，比如半随机模型。大体上，这些模型允许一个单调对手在生成图G后向同一个簇中的结点之间添加边，并删除簇与簇之间的边。听起来，对手只是通过加强社区内的联系以及切断社区之间的联系来简化工作。如果真实的社区结构是将G划分为k个部分，削减最少的边，那么改变之后才更真实。有趣的是，许多张量和频谱算法在半随机模型中失效，但即使在这种更一般的情况下，也有恢复π的优雅技术(参考文献[71,72])。这是一个值得深思的问题：我们在多大程度上利用了随机模型的特性？

4.3 扩展到混合模型

到目前为止，我们研究的许多模型都可以推广到所谓的混合成员模型。例如，我们可以将文档建模为多个主题的混合，而不是只涉及一个主题。或者，对于一个个体，我们可以将其划分到多个社区的混合中，而不是认为其只属于一个社区。在本节中，我们将在混合成员的场景下利用张量分解。

58

纯主题模型

让我们首先看看如何使用张量分解来发现纯主题模型的主题，其中每个文档只涉及一个主题。我们将依据 Anandkumar 等人的方法[10]。回想一下，在纯主题模型中，有一个未知的 $m\times r$ 主题矩阵 $\boldsymbol{A}$，每个文档都是根据以下随机过程生成的：

1）主题 i 有 p_i 的概率在文档 j 中被选中。

2）根据分布 $\boldsymbol{A}_i$ 选择 N_j 个单词。

在 2.4 节中，我们构造了 Gram 矩阵，它表示词对的联合分布。这里我们将使用三个单词的联合分布。让 w_1、w_2 和 w_3 分别代表第一、第二和第三个单词的随机变量。

定义 4.3.1 设 $\boldsymbol{T}$ 表示一个 $m\times m\times m$ 的张量，其中

$$T_{a,b,c}=\mathbb{P}[w_1=a,w_2=b,w_3=c]$$

我们可以用未知主题矩阵来表示 $\boldsymbol{T}$，如下所示：

$$\boldsymbol{T}=\sum_{i=1}^{r}p_i\boldsymbol{A}_i\otimes\boldsymbol{A}_i\otimes\boldsymbol{A}_i$$

那么，如何从纯主题模型中恢复给定样本的主题矩阵呢？我们可以构造一个估计的 $\widetilde{\boldsymbol{T}}$ 张量，其中 $\widetilde{T}_{a,b,c}$ 表示文档样本中第一个词、第二个词和第三个词为 a、b 和 c 的比率。如果文档的数量足够多，那么 $\widetilde{\boldsymbol{T}}$ 将会收敛于 $\boldsymbol{T}$。

现在我们可以应用 Jennrich 算法。如果 $\boldsymbol{A}$ 是列满秩的，我们将恢复分解中的真实因子，直至重新缩放。但是，由于 $\boldsymbol{A}$ 中的每一列都是一个分布，我们可以适当地归一化任何我们发现的隐含因子，并计算 p_i 的值。为了使我们的工作真正奏效，我们需要首先分析需要多少文档才能使 $\widetilde{\boldsymbol{T}}$ 接近 $\boldsymbol{T}$，紧接着应用 3.4 节的结果。在 3.4 节中我们分析了 Jennrich 算法的噪声容限。重要的一点是，我们估计的 $\widetilde{\boldsymbol{A}}$ 的列以一个关于样本的逆多项式的速率收敛到 $\boldsymbol{A}$ 的列，其中收敛速率取决于 $\boldsymbol{A}$ 的列的约束如何。

59

隐狄利克雷分配

现在让我们继续讨论混合成员模型。目前为止，张量分解的所有应用都是由条件独立的随机变量驱动的。在纯主题模型的情况下，当我们对用于生成文档的主题设置条件时，前三个单词的分布是独立的。不过，在混合模型中，情况不会这么简单。我们从现有数据中构造低秩三阶张量的方法将以更复杂的方式组合低阶的统计量。

我们接下来将研究隐狄利克雷分配(LDA)模型，Blei 等人在其开创性的工作[36]中引入了该模型。设 $\Delta := \{x \in \mathbb{R}^r : x \geqslant 0, \sum_i x_i = 1\}$ 代表一个 r 维的单纯形。之后，每个文档根据以下过程随机生成：

1) 根据狄利克雷分布 $\mathrm{Dir}(\{\alpha_i\}_i)$，对文档 j 选择一个主题的混合 $w_j \in \Delta$。

2) 重复以下步骤 N_j 次：从 w_j 中选择一个主题 i，根据分布 $\boldsymbol{A}_i$ 选择一个单词。

狄利克雷分布被定义为：

$$p(x) \propto \prod_i x_i^{\alpha_i - 1}, \ x \in \Delta$$

这个模型在以下方面已经比较符合实际了。当文档很长（比如 $N_j > m \log m$）时，在纯主题模型中，一对文档在单词上的经验分布必然是几乎相同的。但在像上面的混合模型中，情况却不是这样。

将用于学习纯主题模型的张量分解方法扩展到混合模型的基本问题是，计算三个单词的联合分布的三阶张量现在满足以下表达式：

$$\boldsymbol{T} = \sum_{ijk} D_{ijk} \boldsymbol{A}_i \otimes \boldsymbol{A}_j \otimes \boldsymbol{A}_k$$

其中 D_{ijk} 表示一个随机文档中的前三个单词分别从主题 i、j 和 k 中生成的概率。在一个纯主题模型里，D_{ijk} 是对角的，而对混合模型来说却不一定是这样。

60

定义 4.3.2 $\boldsymbol{T}$ 的 Tucker 分解是：

$$\boldsymbol{T} = \sum_{ijk} D_{ijk} \boldsymbol{a}_i \otimes \boldsymbol{b}_j \otimes \boldsymbol{c}_k$$

这里 $\boldsymbol{D}$ 为 $r_1 \times r_2 \times r_3$ 的张量。我们称 $\boldsymbol{D}$ 为核张量。

事实上，你可以计算当 r_1、r_2 和 r_3 尽可能小时的 Tucker 分解（r_1、r_2 和 r_3 分别代表张量的三个维度）。然而，最小的 Tucker 分解通常不是唯一的，所以即使给定 $\boldsymbol{T}$ 并计算最小 Tucker 分解，我们也不能保证它的因子是主题模型中隐藏的主题。我们需要找到另一种方法，用 $\boldsymbol{T}$ 和我们可以得到的低秩矩构造一个低秩三阶张量。

那么，如何将张量分解方法推广到 LDA 模型中呢？Anandku-

mar 等人的优雅做法[8]基于以下想法：

引理 4.3.3

$$\boldsymbol{T}=\sum_{ijk}D_{ijk}\boldsymbol{A}_i\otimes\boldsymbol{A}_j\otimes\boldsymbol{A}_k$$

$$\boldsymbol{S}=\sum_{ijk}\widetilde{D}_{ijk}\boldsymbol{A}_i\otimes\boldsymbol{A}_j\otimes\boldsymbol{A}_k$$

$$\Rightarrow\boldsymbol{T}-\boldsymbol{S}=\sum_{ijk}(D_{ijk}-\widetilde{D}_{ijk})\boldsymbol{A}_i\otimes\boldsymbol{A}_j\otimes\boldsymbol{A}_k$$

证明：只需要根据多重线性代数进行简单的推导即可得证。 ■

因此，如果我们获得了其他张量 $\boldsymbol{S}$，这些张量可以在它们的 Tucker 分解中使用相同的因子$\{\boldsymbol{A}_i\}_i$来写，我们就可以减去 $\boldsymbol{T}$ 和 $\boldsymbol{S}$，并希望将核张量对角化。我们可以认为在我们的设定下，$\boldsymbol{D}$ 是狄利克雷分布的三阶矩。我们还可以获得其他什么张量呢？

其他张量

我们基于如下实验来描述张量 $\boldsymbol{T}$：设 $T_{a,b,c}$ 表示一个随机文档的前三个单词分别是 a、b 和 c 的概率。但我们也可以考虑其他的实验。为了给出 LDA 的张量谱算法，我们还需要另外两个实验：

61

1）随机选择三个文档，并查看每个文档的第一个单词。

2）随机选择两个文档，查看第一个文档的前两个单词和第二个文档的第一个单词。

这两个新的实验与旧的实验相结合，得到了三个 Tucker 分解因子相同但核张量不同的张量。

定义 4.3.4 定义 $\boldsymbol{\mu}$、$\boldsymbol{M}$ 和 $\boldsymbol{D}$ 为狄利克雷分布的一阶、二阶和三阶矩。

更准确地说，设 μ_i 为从主题 i 中生成随机文档里的第一个单词的概率。设 $M_{i,j}$ 为分别从主题 i 和 j 中生成随机文档里的第一个和第二个单词的概率。和前面类似，设 $D_{i,j,k}$ 为随机文档中前三个单词分别由主题 i、j 和 k 生成的概率。然后设 $\boldsymbol{T}^1$、$\boldsymbol{T}^2$ 和 $\boldsymbol{T}^3$ 分别为第一个(选择三个文档)、第二个(选择两个文档)和第三个(选择一个文档)实验的期望。

引理 4.3.5

1) $\boldsymbol{T}^1 = \sum_{i,j,k} [\boldsymbol{\mu} \otimes \boldsymbol{\mu} \otimes \boldsymbol{\mu}]_{i,j,k} \boldsymbol{A}_i \otimes \boldsymbol{A}_j \otimes \boldsymbol{A}_k$

2) $\boldsymbol{T}^2 = \sum_{i,j,k} [\boldsymbol{M} \otimes \boldsymbol{\mu}]_{i,j,k} \boldsymbol{A}_i \otimes \boldsymbol{A}_j \otimes \boldsymbol{A}_k$

3) $\boldsymbol{T}^3 = \sum_{i,j,k} D_{i,j,k} \boldsymbol{A}_i \otimes \boldsymbol{A}_j \otimes \boldsymbol{A}_k$

证明：设 w_1 表示第一个单词，t_1 表示 w_1 的主题(对其他单词的定义类似)。我们可以将 $\mathbb{P}[w_1 = a, w_2 = b, w_3 = c]$ 展开为 $\sum_{i,j,k} \mathbb{P}[w_1 = a, w_2 = b, w_3 = c | t_1 = i, t_2 = j, t_3 = k] \mathbb{P}[t_1 = i, t_2 = j, t_3 = k]$，从而引理得证。 ■

注意到 $T^2_{a,b,c} \neq T^2_{a,c,b}$，这是由于其中两个词来自同一个文档。尽管如此，我们可以用一个自然的方法来对称化 $\boldsymbol{T}^2$：令 $S^2_{a,b,c} = T^2_{a,b,c} + T^2_{b,c,a} + T^2_{c,a,b}$。因而，对 $\pi: \{a,b,c\} \rightarrow \{a,b,c\}$ 的任意排列，$S^2_{a,b,c} = S^2_{\pi(a),\pi(b),\pi(c)}$。

我们的主要目标是证明：

$$\alpha_0^2 \boldsymbol{D} + 2(\alpha_0 + 1)(\alpha_0 + 2)\boldsymbol{\mu}^{\otimes 3} - \alpha_0(\alpha_0 + 2)\boldsymbol{M} \otimes \boldsymbol{\mu}(\text{全部三种方式})$$
$$= \operatorname{diag}(\{p_i\}_i)$$

其中 $\alpha_0 = \sum_i \alpha_i$。因此，我们有

62

$$\alpha_0^2 \boldsymbol{T}^3 + 2(\alpha_0 + 1)(\alpha_0 + 2)\boldsymbol{T}^1 - \alpha_0(\alpha_0 + 2)\boldsymbol{S}^2 = \sum_i p_i \boldsymbol{A}_i \otimes \boldsymbol{A}_i \otimes \boldsymbol{A}_i$$

重要的一点是，我们可以根据样本估计左侧的项（假设我们知道 α_0），并且可以将 Jennrich 算法应用于右侧的张量来恢复主题模型，前提是 $\boldsymbol{A}$ 列满秩。实际上，我们可以从样本中计算 α_0（参考文献[8]），但我们将专注于证明上述恒等式。

狄利克雷分布的矩

我们要建立的主要恒等式只是关于狄利克雷分布矩的一个声明。事实上，我们可以认为狄利克雷分布是由以下组合过程定义的：

1）最初，有 α_i 个球每个球的颜色为 i。

2）重复如下操作 C 次：随机选择一个球，将其放回并多放入一个该颜色的球。

这一过程给出了狄利克雷分布的另一种描述，由此可以直接计算出：

1）$\boldsymbol{\mu} = \left[\frac{\alpha_1}{\alpha_0}, \frac{\alpha_2}{\alpha_0}, \cdots, \frac{\alpha_r}{\alpha_0}\right]$

2）$M_{i,j} = \begin{cases} \dfrac{\alpha_i(\alpha_i + 1)}{\alpha_0(\alpha_0 + 1)} & i = j \\ \dfrac{\alpha_i \alpha_j}{\alpha_0(\alpha_0 + 1)} & \text{其他情况} \end{cases}$

3）$T_{i,j,k} = \begin{cases} \dfrac{\alpha_i(\alpha_i + 1)(\alpha_i + 2)}{\alpha_0(\alpha_0 + 1)(\alpha_0 + 2)} & i = j = k \\ \dfrac{\alpha_i(\alpha_i + 1)\alpha_k}{\alpha_0(\alpha_0 + 1)(\alpha_0 + 2)} & i = j \neq k \\ \dfrac{\alpha_i \alpha_j \alpha_k}{\alpha_0(\alpha_0 + 1)(\alpha_0 + 2)} & i, j, k\ \text{互不相同} \end{cases}$

例如，$T_{i,i,k}$表示前两个球是颜色 i 且第三个球是颜色 k 的概率。第一个球是颜色 i 的概率是$\frac{\alpha_i}{\alpha_0}$，由于我们多放回该颜色的一个球，所以第二个球也是颜色 i 的概率是$\frac{\alpha_i+1}{\alpha_0+1}$。第三个球是颜色 k 的概率是$\frac{\alpha_k}{\alpha_0+2}$。对于其他情况，验证上述公式也很容易。

请注意，在上面的公式中，只考虑分子会容易得多。如果我们能证明下面的关系，则只需分子就可以了：

$$\boldsymbol{D}+2\boldsymbol{\mu}^{\otimes 3}-\boldsymbol{M}\otimes\boldsymbol{\mu}(\text{全部三种方式})=\mathrm{diag}(\{2\alpha_i\}_i)$$

很容易发现我们可以通过乘以 $\alpha_0^3(\alpha_0+1)(\alpha_0+2)$来得到我们想要的公式。

定义 4.3.6 设 $\boldsymbol{R}=\mathrm{num}(\boldsymbol{D})+\mathrm{num}(2\boldsymbol{\mu}^{\otimes 3})-\mathrm{num}(\boldsymbol{M}\otimes\boldsymbol{\mu})$(全部三种方式)。

63

那么我们有如下主要引理：

引理 4.3.7 $R=\mathrm{diag}(\{2\alpha_i\}_i)$

我们将通过案例分析说明这一点。

声明 4.3.8 如果 i、j、k 是互异的，那么 $R_{i,j,k}=0$。

这是直接的，因为 $\boldsymbol{D}$、$\boldsymbol{\mu}^{\otimes 3}$和 $\boldsymbol{M}\otimes\boldsymbol{\mu}$ 的 i,j,k 分子都是 $\alpha_i\alpha_j\alpha_k$。

声明 4.3.9 $R_{i,i,i}=2\alpha_i$

这也是明显的，因为 $\boldsymbol{D}$ 的 i,i,i 分子是 $\alpha_i(\alpha_i+1)(\alpha_i+2)$，同样，$\boldsymbol{\mu}^{\otimes 3}$的分子是 α_i^3。最后，$\boldsymbol{M}\otimes\boldsymbol{\mu}$ 的 i,i,i 分子是 $\alpha_i^2(\alpha_i+1)$。需要注意的情况是：

声明 4.3.10　如果 $i \neq k$，$R_{i,i,k}=0$。

这种情况之所以棘手，是因为 $\boldsymbol{M} \otimes \boldsymbol{\mu}$(全部三种方式)的计数并不相同。如果我们沿着张量的第三维度思考 $\boldsymbol{\mu}$，那么第 i 个主题在同一个文档中会出现两次。但是如果我们相反地沿着张量的第一维度或第二维度思考 $\boldsymbol{\mu}$，那么即使第 i 个主题出现两次，它也不会在同一个文档中出现两次。因此 $\boldsymbol{M} \otimes \boldsymbol{\mu}$(全部三种方式)的分子是 $\alpha_i(\alpha_i+1)\alpha_k+2\alpha_i^2\alpha_k$，$\boldsymbol{D}$ 的分子是 $\alpha_i(\alpha_i+1)\alpha_k$，$\boldsymbol{\mu}^{\otimes 3}$ 的分子是 $\alpha_i^2\alpha_k$。

这三个声明共同证明了上述引理。尽管我们在纯主题模型中可以立即分解的张量 $\boldsymbol{T}^3$ 在混合模型中不再具有对角化的核张量，至少在 LDA 的情况下，我们仍然可以找到一个公式(我们可以从样本中估计每个项)来对角化核张量。这就产生了：

定理 4.3.11[8]　如果给定至少长度为 3 的 $\text{poly}(m,1/\varepsilon,1/\sigma_r,1/\alpha_{\min})$ 文档，其中 m 表示词汇的数量，σ_r 表示 $\boldsymbol{A}$ 的最小奇异值，$\alpha_{\min}$ 表示最小的 α_i 值。则存在一个多项式时间的算法来学习主题矩阵 $\widetilde{\boldsymbol{A}}$，其中 $\widetilde{\boldsymbol{A}}$ 的列与 LDA 模型中 $\boldsymbol{A}$ 的列的欧氏距离是 ε-接近的。

结尾

Anandkumar 等人提出的用于学习混合成员的随机块模型算法[9]遵循同样的模式。在此之中，狄利克雷分布也起着关键作用。不像通常的随机块模型中每个结点隶属于一个社区，在该模型中，每个结点被社区的分布 π_u 所描述，这里 π_u 是从一个狄利克雷分布中选出的。其主要思想是对三边星进行计数，并对由低阶子图计数构成的张量进行加、减，使 Tucker 自然分解得到的核张量为对角矩阵。

64

值得一提的是，这些技术似乎仅针对狄利克雷分布。正如我们所看到的，条件独立的随机变量在张量分解中起着关键作用。在混合成员模型中，寻找这样的随机变量是一个挑战。但是狄利克雷分布距离条件独立还有多大差距？尽管坐标之间不是相互独立的，但事实证明它们几乎是独立的。我们可以通过从每个坐标独立的 beta 分布中进行采样，然后重新规范化向量，使其处于 r 维单纯形中，来替代从狄利克雷分布里进行采样。接下来的一个有趣的概念问题是：在某种独立性的环境下，张量分解方法是否在本质上是受限的？

4.4 独立成分分析

我们可以把我们开发的张量方法看作一种使用高阶矩的方法，其通过张量分解来学习分布参数（例如，用于进化树、HMM、LDA、社区发现）。在这里，我们将给出另一种通过应用独立成分分析使用矩的方法，该方法是由 Comon[53] 提出的。

该问题很容易定义：假设我们得到了如下形式的样本

$$\boldsymbol{y} = \boldsymbol{A}\boldsymbol{x} + \boldsymbol{b}$$

其中我们已知变量 x_i 是独立的，线性变换（$\boldsymbol{A}$，$\boldsymbol{b}$）是未知的。我们的目标是从多项式的样本中有效地学习 $\boldsymbol{A}$、$\boldsymbol{b}$。这个问题由来已久，一个能说明该问题的典型例子是一个称为鸡尾酒会问题的假设情况：

一个房间里有 n 个麦克风和 n 个对话。每个麦克风听到的都是 $\boldsymbol{A}$ 的行对应的对话的叠加。如果我们认为对话之间是独立的，对话是无记忆的，我们能把对话分开吗？

这种问题也常被称为盲源分离问题。我们将遵循 Frieze、Jerrum 和 Kannan 的方法[74]。他们的方法的真正精妙之处在于它使用了非凸优化。

一个规范形式和旋转不变性

让我们先把问题转化为一个更方便的规范形式。可以假设我们的样本是从

$$\boldsymbol{y} = \boldsymbol{A}\boldsymbol{x} + \boldsymbol{b}$$

中得到的。但是对于所有的 i，$E[x_i]=0$，$\mathbb{E}[x_i^2]=1$，我们的想法是，如果任何变量 x_i 的均值不是零，我们可以通过对 $\boldsymbol{b}$ 加上修正项使它为零。同样，如果 x_i 的方差不为 1，我们可以通过对其和对应的 $\boldsymbol{A}$ 的列进行重新缩放，使其方差为 1。这些变化只是符号上的，并不影响我们观察到的样本分布。从这里开始，假设我们得到了满足上述规范形式的样本。

我们将给出一个基于非凸优化的估计 $\boldsymbol{A}$ 和 $\boldsymbol{b}$ 的算法，但首先让我们讨论我们需要什么样的假设。我们将做两个假设：$\boldsymbol{A}$ 是非奇异的；每个变量满足 $\mathbb{E}[x_i^4]\neq 3$。你现在应该习惯于非奇异性假设(这是我们每次使用 Jennrich 算法所需要的)。但第二个假设呢？它是从哪里来的？事实证明，这是很自然的，该假设被用来排除一个有问题的情形。

声明 4.4.1 如果每个 x_i 都是独立的且均满足标准高斯分布，那么对于任何正交变换 $\boldsymbol{R}$，$\boldsymbol{x}$ 和 $\boldsymbol{R}\boldsymbol{x}$ 以及

$$\boldsymbol{y} = \boldsymbol{A}\boldsymbol{X} + \boldsymbol{b} \quad 和 \quad \boldsymbol{y} = \boldsymbol{A}\boldsymbol{R}\boldsymbol{x} + \boldsymbol{b}$$

有相同的分布。

证明：标准的 n 维高斯分布是旋转不变的。 ■

这意味着当我们的独立随机变量是标准的高斯变量时，在信息

论上无法区分 $\boldsymbol{A}$ 和 $\boldsymbol{AR}$。实际上，n 维高斯变量是唯一有问题的情况。还有其他旋转不变分布，如 $\mathbb{S}^{n-1}$ 上的均匀分布，但其坐标并不是互相独立的。标准的 n 维高斯分布是唯一一个坐标独立的旋转不变分布。

根据这个讨论，我们可以理解我们关于四阶矩的假设是从哪里来的。对于标准高斯分布，其均值为零，方差为 1，四阶矩为 3。所以我们对每个 x_i 的四阶矩的假设只是一个用来表示它非高斯的方式。

66

白化

像往常一样，我们不能指望仅根据二阶矩就学到 $\boldsymbol{A}$。这其实也是我们讨论旋转问题时出现的问题。在张量分解的情况下，我们根据 Jennrich 算法直接从三阶矩中学习 $\boldsymbol{A}$ 的列。在这里，我们将从一阶矩和二阶矩中学习我们能学到的东西，然后继续讨论四阶矩。特别是，我们将利用一阶矩和二阶矩来学习 $\boldsymbol{b}$ 以及(最多经过旋转的)$\boldsymbol{A}$：

引理 4.4.2 $\mathbb{E}[\boldsymbol{y}]=\boldsymbol{b}$ 和 $\mathbb{E}[\boldsymbol{y}\boldsymbol{y}^{\mathrm{T}}]=\boldsymbol{A}\boldsymbol{A}^{\mathrm{T}}$。

证明：第一个等式是显而易见的。对于第二个等式，我们可以计算得到

$$\mathbb{E}[\boldsymbol{y}\boldsymbol{y}^{\mathrm{T}}]=\mathbb{E}[\boldsymbol{A}\boldsymbol{x}\boldsymbol{x}^{\mathrm{T}}\boldsymbol{A}^{\mathrm{T}}]=\boldsymbol{A}\mathbb{E}[\boldsymbol{x}\boldsymbol{x}^{\mathrm{T}}]\boldsymbol{A}^{\mathrm{T}}=\boldsymbol{A}\boldsymbol{A}^{\mathrm{T}}$$

其中，最后一个等式遵循 $E[x_i]=0$ 和 $E[x_i^2]=1$ 的条件，且每一个 x_i 都是独立的。 ■

这意味着我们可以通过抽取足够的样本来估计任意精度的 $\boldsymbol{b}$ 和 $\boldsymbol{M}=\boldsymbol{A}\boldsymbol{A}^{\mathrm{T}}$。我所说的是这决定了一个 $\boldsymbol{A}$ 或旋转后的 $\boldsymbol{A}$。由于 $\boldsymbol{M}\succ 0$，我们可以通过 Cholesky 分解找到 $\boldsymbol{B}$，使得 $\boldsymbol{M}=\boldsymbol{B}\boldsymbol{B}^{\mathrm{T}}$。但是 $\boldsymbol{B}$ 和 $\boldsymbol{A}$ 有

什么关系呢？

引理 4.4.3　存在一个正交变换 $\boldsymbol{R}$，使得 $\boldsymbol{BR}=\boldsymbol{A}$。

证明：回想一下，我们假设 $\boldsymbol{A}$ 是非奇异的，因此 $\boldsymbol{M}=\boldsymbol{AA}^{\mathrm{T}}$，而且 $\boldsymbol{B}$ 也是非奇异的。所以我们可以得到

$$\boldsymbol{BB}^{\mathrm{T}} = \boldsymbol{AA}^{\mathrm{T}} \Rightarrow \boldsymbol{B}^{-1}\boldsymbol{AA}^{\mathrm{T}}(\boldsymbol{B}^{-1})^{\mathrm{T}} = \boldsymbol{I}$$

这意味着 $\boldsymbol{B}^{-1}\boldsymbol{A}=\boldsymbol{R}$ 是正交的，因为根据定义，当一个方阵乘以它自己的转置是单位矩阵时，矩阵是正交的。证明完毕。　■

现在已经学到了一个经过未知旋转的 $\boldsymbol{A}$，我们可以开始使用更高阶的矩来学习未知的旋转。首先，我们将对样本应用非线性变换：

$$\boldsymbol{z} = \boldsymbol{B}^{-1}(\boldsymbol{y}-\boldsymbol{b}) = \boldsymbol{B}^{-1}\boldsymbol{A}\boldsymbol{x} = \boldsymbol{R}\boldsymbol{x}$$

这就是所谓的白化（想一想白噪声），因为它使分布的一阶矩为零，二阶矩为1（在每个方向上）。我们分析中的关键是如下函数：

67

$$F(\boldsymbol{u}) = \mathbb{E}[(\boldsymbol{u}^{\mathrm{T}}\boldsymbol{z})^4] = \mathbb{E}[(\boldsymbol{u}^{\mathrm{T}}\boldsymbol{R}\boldsymbol{x})^4]$$

我们要在单位球面上最小化它。当 $\boldsymbol{u}$ 在单位球面上变化时，$\boldsymbol{v}^{\mathrm{T}}=\boldsymbol{u}^{\mathrm{T}}\boldsymbol{R}$ 也是如此。因此，我们的优化问题等价于在单位球面上最小化

$$H(\boldsymbol{v}) = \mathbb{E}[(\boldsymbol{v}^{\mathrm{T}}\boldsymbol{x})^4]$$

这是一个非凸优化问题。一般来说，求非凸函数的最小值或最大值是 NP-hard 问题。但事实证明，找到所有的局部极小值是可能的，而且这些极小值都足以学习 $\boldsymbol{R}$。

引理 4.4.4　如果对所有的 i，$\mathbb{E}[x_i^4]<3$，则 $H(\boldsymbol{v})$ 唯一的局部极小值在 $\boldsymbol{v}=\pm\boldsymbol{e}_i$ 处，这里 $\boldsymbol{e}_i$ 是标准基向量。

证明：我们可以计算得出

$$\begin{aligned}\mathbb{E}[(\boldsymbol{v}^{\mathrm{T}}\boldsymbol{x})^4] &= \mathbb{E}\Big[\sum_i (v_i x_i)^4 + 6\sum_{i<j}(v_i x_i)^2(v_j x_j)^2\Big] \\ &= \sum_i v_i^4 \mathbb{E}(x_i^4) + 6\sum_{i<j} v_i^2 v_j^2 + 3\sum_i v_i^4 - 3\sum_i v_i^4 \\ &= \sum_i v_i^4 (\mathbb{E}[x_i^4] - 3) + 3\end{aligned}$$

根据这个表达式，很容易核实 $H(\boldsymbol{v})$的局部极小值正好对应于某些 i 下的 $\boldsymbol{v}=\pm\boldsymbol{e}_i$。■

回想一下，$\boldsymbol{v}^{\mathrm{T}}=\boldsymbol{u}^{\mathrm{T}}\boldsymbol{R}$，因此这个特性意味着 $F(\boldsymbol{u})$的局部极小值对应于将 $\boldsymbol{u}$ 设置成$\pm\boldsymbol{R}$ 的一列。该算法通过使用梯度下降(以及由 Hessian 限制的下界)来证明你可以快速找到 $F(\boldsymbol{u})$的局部极小值。从直觉上来看，如果持续沿着陡峭的梯度前进，就能降低到目标值。最后，结果必定会被困在梯度很小的地方，这是一个近似的局部极小值。任何这样的 $\boldsymbol{u}$ 都必须接近$\pm\boldsymbol{R}$ 的某一列。之后我们可以通过在找到的向量的正交补码上递归，以找到 $\boldsymbol{R}$ 的其他列。这个思路需要注意一下误差会不会累积得太严重(参考文献[17,74,140])。请注意，当 $\mathbb{E}[x_i^4]\neq 3$(而不是一个更强的假设情况 $\mathbb{E}[x_i^4]<3$)时，我们可以采用同样的方法，但是我们需要考虑 $F(\boldsymbol{u})$的局部极小值和局部极大值。此外，Vempala 和 Xiao[140] 给出了一种算法，该算法在存在与标准高斯矩不同的常数阶矩这一较弱的条件下工作。

68

我们在上面遇到的奇怪表达式实际上被称为*累积量*，是一个分布的矩的另一种表达基础。由于满足独立变量 X_i 和 X_j 之和的 k 阶累积量是 X_i 和 X_j 的 k 阶累积量之和这一吸引人的性质，因此累积量有时更容易处理。这一事实实际上为结合 Jennrich 算法求解独立成分分析提供了另一种更直观的方法，但它涉及对高维累积量的一点离题的知识。我们把这个留给读者作为练习。

4.5 练习

问题 4-1 设 $\boldsymbol{u}\odot\boldsymbol{v}$ 表示两个向量之间的 Khatri-Rao 积，其中如果 $\boldsymbol{u}\in\mathbb{R}^m$ 且 $\boldsymbol{v}\in\mathbb{R}^n$，则 $\boldsymbol{u}\odot\boldsymbol{v}\in\mathbb{R}^{mn}$ 且对应于将矩阵 $\boldsymbol{u}\boldsymbol{v}^{\mathrm{T}}$ 逐列扁平化得到的向量。同时，一系列向量 $\boldsymbol{u}_1,\boldsymbol{u}_2,\cdots,\boldsymbol{u}_m\in\mathbb{R}^n$ 的 k 级 Kruskal 秩指的是对每个含有 k 个向量的集合，集合内的向量都是线性无关的，且数量 k 是最大值。

在这个问题中，我们将探讨 Khatri-Rao 积的性质，并利用它来设计分解高阶张量的算法。

(a) 设 k_u 和 k_v 分别为 $\boldsymbol{u}_1,\boldsymbol{u}_2,\cdots,\boldsymbol{u}_m$ 以及 $\boldsymbol{v}_1,\boldsymbol{v}_2,\cdots,\boldsymbol{v}_m$ 的 k 级秩。试证明 $\boldsymbol{u}_1\odot\boldsymbol{v}_1,\boldsymbol{u}_2\odot\boldsymbol{v}_2,\cdots,\boldsymbol{u}_m\odot\boldsymbol{v}_m$ 的 k 级秩至少为 $\min(k_u+k_v-1,m)$。

(b) 构造一组样例使得 $\boldsymbol{u}_1\odot\boldsymbol{u}_1,\boldsymbol{u}_2\odot\boldsymbol{u}_2,\cdots,\boldsymbol{u}_m\odot\boldsymbol{u}_m$ 的 k 级秩刚好是 $2k_u-1$，且不能再大。为了使问题有效，必须使用 $m>2k_u-1$ 的样例。

(c) 给定一个 $n\times n\times n\times n\times n$ 的五阶张量 $\boldsymbol{T}=\sum_{i=1}^{r}a_i^{\otimes 5}$，请给出一个算法，在 $r=2n-1$ 以及适当的条件下，求出张量的因子 a_1，$a_2,\cdots,a_r$。提示：考虑三阶的情况。

事实上，对于随机或受扰动的向量，Khatri-Rao 积有一个更强大的作用，即乘以它们的 Kruskal 秩。这类性质可用于在 r 是 n 中某个多项式的过完备情况下，建立分解高阶张量的算法。

问题 4-2 在 4.4 节中，我们看到了如何使用非凸优化求解独立成分分析。在本问题中，我们将看到如何用张量分解来解决它。假设我们观察到许多从 $\boldsymbol{y}=\boldsymbol{A}\boldsymbol{x}$ 形式中得到的样本，这里 $\boldsymbol{A}$ 是一个未知的非奇异方阵，$\boldsymbol{x}$ 的每个坐标是独立的，且满足 $\mathbb{E}[x_j]=0$ 以及

69

$\mathbb{E}[x_j^4] \neq 3\mathbb{E}[x_j^2]^2$。$x_j$ 的分布是未知的，且可能不是对所有的 j 都具有同样的分布。

(a) 写出 $\mathbb{E}[\boldsymbol{y}^{\otimes 4}]$和$(\mathbb{E}[\boldsymbol{y}^{\otimes 2}])^{\otimes 2}$关于 $\boldsymbol{A}$ 和 $\boldsymbol{x}$ 的矩的表达式(不能在期望里出现任何 $\boldsymbol{A}$)。

(b) 根据(a)，说明如何使用 $\boldsymbol{y}$ 的矩来产生形式为 $\sum_j c_j \boldsymbol{a}_j^{\otimes 4}$ 的张量，这里 $\boldsymbol{a}_j$ 表示 $\boldsymbol{A}$ 的第 j 列，c_j 是非零标量。

(c) 说明如何使用 Jennrich 算法恢复 $\boldsymbol{A}$ 的列(至多是排列和缩放后的列)。

70

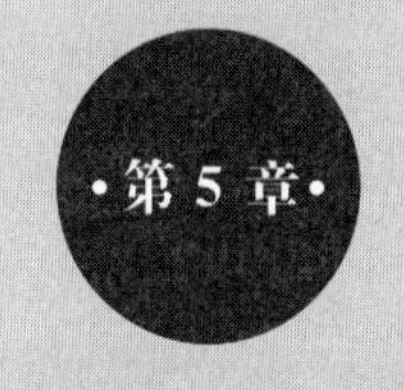

第5章 稀疏恢复

在本章中，我们将见证稀疏(sparsity)的力量。让我们来了解下它能够在哪些方面带来好处。考虑求解一个欠定线性系统 $\boldsymbol{Ax}=\boldsymbol{b}$ 的问题。如果给定 $\boldsymbol{A}$ 和 $\boldsymbol{b}$，就没有办法唯一地恢复 $\boldsymbol{x}$，对吧？但如果我们知道 $\boldsymbol{x}$ 是稀疏的，那就有可能了。在这种情况下，即使 $\boldsymbol{A}$ 的行数与 $\boldsymbol{x}$ 的稀疏度(而不是其维数)相当，仍有一些在 $\boldsymbol{A}$ 上的自然条件使我们能够恢复 $\boldsymbol{x}$。在这里，我们将介绍稀疏恢复理论。如果你好奇的话，这个领域不仅有一些理论上的瑰宝，而且带来了重大的实际影响。

5.1 介绍

在信号处理(特别是成像)中，我们经常会遇到在给定线性测量的情况下恢复一些未知信号的任务。让我们规定一下本章中的符号：假设我们希望求解一个线性系统 $\boldsymbol{Ax}=\boldsymbol{b}$，其中 $\boldsymbol{A}$ 是一个 $m\times n$ 的矩阵，$\boldsymbol{x}$ 和 $\boldsymbol{b}$ 分别是 n 维和 m 维向量。在我们的假设中，$\boldsymbol{A}$ 和 $\boldsymbol{b}$ 都是已知的。你可以认为 $\boldsymbol{A}$ 代表了我们正在使用的某些测量设备的输入输出功能。

现在，若 $m<n$，那么我们不能指望唯一地恢复 $\boldsymbol{x}$。我们最多可以找到一些满足 $\boldsymbol{A}\boldsymbol{y}=\boldsymbol{b}$ 的解 $\boldsymbol{y}$，并保证 $\boldsymbol{x}=\boldsymbol{y}+\boldsymbol{z}$，其中 $\boldsymbol{z}$ 属于 $\boldsymbol{A}$ 的核。这告诉我们，如果要恢复 n 维信号，至少需要 n 次线性测量。这是很自然的。有时它被称为香农-奈奎斯特率(Shannon-Nyquist rate)，尽管我们发现这是一种相当不透明的描述方式。可以拯救我们的奇妙想法是，如果 $\boldsymbol{x}$ 是稀疏的(即 $\boldsymbol{b}$ 仅是 $\boldsymbol{A}$ 中几列的线性组合)，那么我们确实可以实现用更少的线性测量来精确地重构 $\boldsymbol{x}$。

71

在本节中，我将解释为什么你不必对此感到惊讶。如果你忽略它的算法(我们稍后将对算法进行说明)，它实际上非常简单。事实上，仅凭假设 $\boldsymbol{x}$ 是稀疏的这一点本身是不够的。我们也总是必须对 $\boldsymbol{A}$ 也做一些结构上的假设。让我们考虑以下概念：

定义 5.1.1　若一组向量 $\{\boldsymbol{A}_i\}_i$ 的 Kruskal 秩最大是 r，则最多有 r 个向量的所有子集都是线性无关的。

如果给定由 n 个 n 维向量组成的集合，这些向量都是线性无关的，在这种情况下，它们的 Kruskal 秩为 n。但是，如果你有 n 个 m 维向量(例如取感知矩阵 $\boldsymbol{A}$ 的列)，且 m 小于 n，那么这些向量不可能全部都是线性无关的，但它们仍可以具有 Kruskal 秩 m。事实上，这是一种常见的情况：

声明 5.1.2　如果从 $\mathbb{S}^{m-1}$ 中随机地选择 $\boldsymbol{A}_1,\boldsymbol{A}_2,\cdots,\boldsymbol{A}_n$，那么几乎可以确定它们的 Kruskal 秩为 m。

现在，让我们来证明一下关于稀疏恢复的第一个主要结论。令 $\|\boldsymbol{x}\|_0$ 为 $\boldsymbol{x}$ 的非零项的数量，我们考虑以下高度非凸优化问题：

$$(P_0)\quad \min\|\boldsymbol{w}\|_0\quad \text{s. t. } \boldsymbol{A}\boldsymbol{w}=\boldsymbol{b}$$

接下来证明：如果我们可以求解(P_0)，那么可以从远少于 n 个的线性测量中找到 $\boldsymbol{x}$：

引理 5.1.3　设 $\boldsymbol{A}$ 为一个 $m\times n$ 的矩阵，其列的 Kruskal 秩至少为 r。令 $\boldsymbol{x}$ 为一个 $r/2$ 稀疏向量，并且 $\boldsymbol{Ax}=\boldsymbol{b}$，那么 (P_0) 的唯一最优解是 $\boldsymbol{x}$。

证明：对于目标值为 $\|\boldsymbol{x}\|_0=r/2$ 的 $\boldsymbol{Ax}=\boldsymbol{b}$，$\boldsymbol{x}$ 是它的一个解。现在假设还有另一个解 $\boldsymbol{y}$ 满足 $\boldsymbol{Ay}=\boldsymbol{b}$。

考虑这些解之间的差异，即 $\boldsymbol{z}=\boldsymbol{x}-\boldsymbol{y}$。我们知道 $\boldsymbol{z}$ 在 $\boldsymbol{A}$ 的核中。然而，因为根据假设 $\boldsymbol{A}$ 的每一组至多 r 列是线性无关的，所以 $\|\boldsymbol{z}\|_0\geqslant r+1$。因此，我们有

$$\|\boldsymbol{y}\|_0 \geqslant \|\boldsymbol{z}\|_0 - \|\boldsymbol{x}\|_0 \geqslant r/2+1$$

这意味着 $\boldsymbol{y}$ 的目标值大于 $\boldsymbol{x}$ 的目标值。证明完毕。■　72

因此，如果我们选择感知矩阵的列为随机的 m 维向量，那么原则上我们仅从 m 个线性测量中就可以唯一地恢复任何 $m/2$ 大小的稀疏向量。但是，这里有一个巨大的问题。求解 (P_0)，即找到线性方程组的最稀疏解，是 NP-hard 问题。实际上，这是一个简单而重要的规约。继 Khachiyan[97] 之后，让我们从子集和问题(subset sum problem)这个标准的 NP-hard 问题开始：

问题 1　给定不同的值 $\alpha_1,\cdots,\alpha_n\in\mathbb{R}$，是否存在一个集合 $I\subseteq[n]$ 使得 $|I|=m$ 且 $\sum_{i\in I}\alpha_i=0$？

我们将这个问题的一个实例嵌入在给定子空间中寻找最稀疏的非零向量的问题中，并利用奇异矩曲线(weird moment curve)进行映射：

$$\boldsymbol{\Gamma}'(\alpha_i)=[1,\alpha_i,\alpha_i^2,\cdots,\alpha_i^{m-2},\alpha_i^m]$$

此曲线与标准矩曲线之间的差异在于最后一项：用 α_i^m 代替 α_i^{m-1}。

引理 5.1.4 设集合 I 满足 $|I|=m$，当且仅当向量 $\{\boldsymbol{\Gamma}'(\alpha_i)\}_{i\in I}$ 线性相关，有 $\sum_{i\in I}\alpha_i=0$。

证明：考虑列为 $\{\boldsymbol{\Gamma}'(\alpha_i)\}_{i\in I}$ 的矩阵的行列式，然后基于以下观察来证明：

1）通过写出行列式的拉普拉斯（Laplace）展开式（参见文献[88]），可以看出行列式是变量 α_i 的多项式，总度为 $\binom{m}{2}+1$。

2）此外，行列式可被 $\prod_{i<j}\alpha_i-\alpha_j$ 整除（对于任意 $\alpha_i=\alpha_j$，行列式为零）。

因此我们可以将行列式写为

$$\Big(\prod_{\substack{i<j\\ i,j\in I}}(\alpha_i-\alpha_j)\Big)\Big(\sum_{i\in I}\alpha_i\Big)$$

我们假设 α_i 是不同的，因此当且仅当 $\sum_{i\in I}\alpha_i=0$，行列式为零。 ■

我们现在可以证明这是一个双重困境。不仅求解(P_0)是 NP-hard 的，计算 Kruskal 秩也是如此：

定理 5.1.5 计算 Kruskal 秩和寻找线性方程组的最稀疏解都是 NP-hard 问题。

73

证明：首先，我们证明计算 Kruskal 秩是 NP-hard 问题。考虑向量 $\{\boldsymbol{\Gamma}'(\alpha_i)\}_i$。由引理 5.1.4 可知，如果存在集合 I，且 $|I|=m$，满足 $\sum_{i\in I}\alpha_i=0$，那么 $\{\boldsymbol{\Gamma}'(\alpha_i)\}_i$ 的 Kruskal 秩最多为 $m-1$，否则正好为 m。由于子集和是 NP-hard 问题，因此确定 Kruskal 秩是 m 还是最多为 $m-1$ 也是 NP-hard 问题。

现在让我们继续证明：寻找线性系统的最稀疏解是 NP-hard 问题。我们将使用一对多的约简。对于每个 j，考虑以下优化问题：

$$(P_j)\quad \min\|\boldsymbol{w}\|_0 \quad \text{s. t.}\ [\boldsymbol{\Gamma}'(\alpha_1),\cdots,\boldsymbol{\Gamma}'(\alpha_{j-1}),\boldsymbol{\Gamma}'(\alpha_{j+1}),\cdots,\boldsymbol{\Gamma}'(\alpha_n)]w=\boldsymbol{\Gamma}'(\alpha_j)$$

可以很容易地看出当且仅当存在 j 使得 (P_j) 解的目标值最大为 $m-2$ 时，才有 $\{\boldsymbol{\Gamma}'(\alpha_i)\}_i$ 的 Kruskal 秩最大为 $m-1$。因此 (P_0) 也是 NP-hard 问题。■

在本章的其余部分，我们将重点介绍算法。我们将给出简单的贪心方法以及基于凸规划松弛的方法。这些算法将在对感知矩阵 $\boldsymbol{A}$ 更严格的假设条件下有效，而不仅仅是其列具有较大的 Kruskal 秩。尽管如此，我们所做的所有假设仍将会被随机选择的 $\boldsymbol{A}$ 以及其他许多矩阵所满足。我们给出的算法甚至会提供更强有力的保证，这些保证对于存在噪声的情况是有意义的。

5.2 非相干性和不确定性原理

1965 年，Logan[107] 发现了一个惊人的现象。如果你取一个带宽限制信号并在稀疏的位置上对其进行破坏，那么唯一地恢复出原始信号是可能的。事实证明这是变相的稀疏恢复问题。让我们对其进行形式化：

示例 1 尖峰-正弦矩阵 $\boldsymbol{A}$ 是一个 $n\times 2n$ 的矩阵

$$\boldsymbol{A}=[\boldsymbol{I},\boldsymbol{D}]$$

其中 $\boldsymbol{I}$ 是单位矩阵，$\boldsymbol{D}$ 是离散傅里叶变换矩阵，即

$$D_{a,b}=\frac{\omega^{(a-1)(b-1)}}{\sqrt{n}}$$

并且 $\omega=e^{2\pi i/n}$是第 n 个单位复根。

令 $\boldsymbol{x}$ 为稀疏的 $2n$ 维向量，前 n 个坐标中的非零元素表示损坏的位置，最后 n 个坐标中的非零元素表示原始信号中存在的频率，因此，我们有了 $\boldsymbol{A}$ 和 $\boldsymbol{b}$，并确保存在满足 $\boldsymbol{A}\boldsymbol{x}=\boldsymbol{b}$ 的稀疏解 $\boldsymbol{x}$。直到 Donoho和 Stark[64] 的工作，他们才意识到这种现象并不局限于尖峰-正弦矩阵。这其实是一个非常普遍的现象，关键在于非相干性的概念：

74

定义 5.2.1　如果对于所有 $i\neq j$，

$$|\langle \mathbf{A}_i,\mathbf{A}_j\rangle|\leqslant \mu\|\mathbf{A}_i\|\cdot\|\mathbf{A}_j\|$$

则 $\mathbf{A}\in\mathbb{R}^{n\times m}$的列是 μ 非相干的。

在本节中，我们将仅关注 $\mathbf{A}$ 的列为单位向量时的情况。因此，如果对于所有 $i\neq j$，满足 $|\langle \mathbf{A}_i,\mathbf{A}_j\rangle|\leqslant\mu$，则矩阵是 μ 非相干的。然而，当列向量不一定是单位向量时，我们在这里推导出的所有结果都可以扩展到一般的 $\mathbf{A}$ 上。正如我们对 Kruskal 秩所做的那样，接下来让我们证明随机向量是非相干的：

声明 5.2.2　如果 $\mathbf{A}_1$，$\mathbf{A}_2$，…，$\mathbf{A}_m$ 是从 $\mathbb{S}^{n-1}$ 中随机选择的，那么它们很有可能是 μ 非相干的，其中 μ 满足

$$\mu=O\left(\sqrt{\frac{\log m}{n}}\right)$$

你还可以检验尖峰-正弦矩阵在 $\mu=1/\sqrt{n}$时是否为 μ 非相干的。这样，我们在这里推导出的结果将包含 Logan 现象作为一个特例。无论如何，现在让我们证明，如果 $\mathbf{A}$ 非相干并且 $\boldsymbol{x}$ 足够稀疏，那么 $\boldsymbol{x}$ 将是 $\boldsymbol{A}\boldsymbol{x}=\boldsymbol{b}$ 的唯一最稀疏解。

引理 5.2.3　令 $\boldsymbol{A}$ 为 μ 非相干的 $n\times m$ 的矩阵，其列为单位范数。如果 $\boldsymbol{Ax}=\boldsymbol{b}$ 且 $\|\boldsymbol{x}\|_0<\frac{1}{2\mu}$，那么 $\boldsymbol{x}$ 是线性系统的唯一最稀疏解。

证明：为了区别于上述引理，假设存在另一个解 $\boldsymbol{y}$ 满足 $\boldsymbol{Ay}=\boldsymbol{b}$ 和 $\|\boldsymbol{y}\|_0<\frac{1}{2\mu}$。那么我们可以看一下这些解之间的差异，即 $\boldsymbol{z}=\boldsymbol{x}-\boldsymbol{y}$，满足 $\|\boldsymbol{z}\|_0<\frac{1}{\mu}$，并考虑表达式

$$\boldsymbol{z}^{\mathrm{T}}\boldsymbol{A}^{\mathrm{T}}\boldsymbol{A}\boldsymbol{z}=0$$

如果用 S 表示 $\boldsymbol{z}$ 的支撑集，即 $\boldsymbol{z}$ 中非零的位置，我们就会发现受限于 S 中行和列的 $\boldsymbol{A}^{\mathrm{T}}\boldsymbol{A}$ 是奇异的。设此矩阵为 $\boldsymbol{B}$，则 $\boldsymbol{B}$ 的对角线为 1，且对角线以外的项的绝对值以 μ 为界。但是根据 Gershgorin 圆盘定理，我们知道 $\boldsymbol{B}$ 的所有特征值都包含在复平面中以 1 为中心，以 $\mu|S|<1$ 为半径的圆盘中，所以 $\boldsymbol{B}$ 是非奇异的，因此矛盾，证明完毕。　■

75

实际上，当 $\boldsymbol{A}$ 是两个正交基的并集时，我们可以证明一个更强的唯一性结果，就像尖峰-正弦矩阵一样。让我们首先证明以下结果，我们神秘地称之为不确定性原理：

引理 5.2.4　令 $\boldsymbol{A}=[\boldsymbol{U},\boldsymbol{V}]$ 为 $n\times 2n$ 的矩阵，该矩阵是 μ 非相干的，其中 $\boldsymbol{U}$ 和 $\boldsymbol{V}$ 都为 $n\times n$ 的正交矩阵。如果 $\boldsymbol{b}=\boldsymbol{U\alpha}=\boldsymbol{V\beta}$，则 $\|\boldsymbol{\alpha}\|_0+\|\boldsymbol{\beta}\|_0\geqslant\frac{2}{\mu}$。

证明：$\boldsymbol{U}$ 和 $\boldsymbol{V}$ 是正交的，由此我们可以得到 $\|\boldsymbol{b}\|_2=\|\boldsymbol{\alpha}\|_2=\|\boldsymbol{\beta}\|_2$。我们可以将 $\boldsymbol{b}$ 重写为 $\boldsymbol{U\alpha}$ 或 $\boldsymbol{V\beta}$，因此 $\|\boldsymbol{b}\|_2^2=|\boldsymbol{\beta}^{\mathrm{T}}(\boldsymbol{V}^{\mathrm{T}}\boldsymbol{U})\boldsymbol{\alpha}|$。因为 $\boldsymbol{A}$ 是非相干的，所以我们可以得出结论：$\boldsymbol{V}^{\mathrm{T}}\boldsymbol{U}$ 的每项的绝对值最多为 $\mu(\boldsymbol{A})$，因此 $|\boldsymbol{\beta}^{\mathrm{T}}(\boldsymbol{V}^{\mathrm{T}}\boldsymbol{U})\boldsymbol{\alpha}|\leqslant\mu(\boldsymbol{A})\|\boldsymbol{\alpha}\|_1\|\boldsymbol{\beta}\|_1$。利用柯西-施瓦茨(Cauchy-Schwarz)不等式，可以推出 $\|\boldsymbol{\alpha}\|_1\leqslant\sqrt{\|\boldsymbol{\alpha}\|_0}\|\boldsymbol{\alpha}\|_2$，因此

$$\|\boldsymbol{b}\|_2^2 \leqslant \mu(\boldsymbol{A}) \sqrt{\|\boldsymbol{\alpha}\|_0 \|\boldsymbol{\beta}\|_0} \|\boldsymbol{\alpha}\|_2 \|\boldsymbol{\beta}\|_2$$

将上式重新排列后，可以得到$\frac{1}{\mu(\boldsymbol{A})} \leqslant \sqrt{\|\boldsymbol{\alpha}\|_0 \|\boldsymbol{\beta}\|_0}$。最后，应用 AM-GM 不等式，我们得到$\frac{2}{\mu} \leqslant \|\boldsymbol{\alpha}\|_0 + \|\boldsymbol{\beta}\|_0$，证明完毕。 ■

该证明短而简单。也许唯一令人困惑的是，为什么我们称其为不确定性原理。让我们给出引理 5.2.4 的一个应用来阐明这一点。如果将 $\boldsymbol{A}$ 设置为尖峰-正弦矩阵，那么任何非零信号在标准基或傅里叶基上必须至少有$\sqrt{n}$个非零元素。这意味着任何信号都不可能在时域和频域同时达到稀疏状态！这值得我们退一步进行思考。如果我们刚刚证明了这个结果，你自然会联想到海森堡不确定性原理(Heisenberg uncertainty principle)。但事实证明，真正的驱动因素只是我们信号的时间基和频率基的非相干性，它同样适用于许多其他基对。

下面，我们用不确定性原理来证明一个更强的唯一性结果：

声明 5.2.5　令 $\boldsymbol{A}=[\boldsymbol{U}, \boldsymbol{V}]$ 为 $n\times 2n$ 的矩阵，该矩阵是 μ 非相干的，其中 $\boldsymbol{U}$ 和 $\boldsymbol{V}$ 为 $n\times n$ 的正交矩阵。如果 $\boldsymbol{A}\boldsymbol{x}=\boldsymbol{b}$ 且 $\|\boldsymbol{x}\|_0<\frac{1}{\mu}$，则 $\boldsymbol{x}$ 是线性系统的唯一最稀疏解。

证明：考虑任何替代解 $\boldsymbol{A}\tilde{\boldsymbol{x}}=\boldsymbol{b}$。设 $\boldsymbol{y}=\boldsymbol{x}-\tilde{\boldsymbol{x}}$，在这种情况下 $\boldsymbol{y}\in \ker(\boldsymbol{A})$。将 $\boldsymbol{y}$ 记为 $\boldsymbol{y}=[\boldsymbol{\alpha}_y, \boldsymbol{\beta}_y]^{\mathrm{T}}$，由于 $\boldsymbol{A}\boldsymbol{y}=0$，我们得到 $\boldsymbol{U}\boldsymbol{\alpha}_y=-\boldsymbol{V}\boldsymbol{\beta}_y$。现在应用不确定性原理，得出结论$\|\boldsymbol{y}\|_0=\|\boldsymbol{\alpha}_y\|_0+\|\boldsymbol{\beta}_y\|_0\geqslant\frac{2}{\mu}$。不难看出，$\|\tilde{\boldsymbol{x}}\|_0\geqslant\|\boldsymbol{y}\|_0-\|\boldsymbol{x}\|_0>\frac{1}{\mu}$，因此 $\tilde{\boldsymbol{x}}$ 的非零元素数量严格大于 $\boldsymbol{x}$ 的非零元素数量，证明完毕。 ■

我们可以将非相干性与我们最初关于 Kruskal 秩的讨论联系起来。事实证明，有一个列非相干的矩阵只是证明 Kruskal 秩的下界的一种易于检查的方法。以下声明的证明与引理 5.2.3 的证明基本相同。我们将其作为一个练习留给读者。

声明 5.2.6 *如果 $\boldsymbol{A}$ 是 μ 非相干的，则 $\boldsymbol{A}$ 的列的 Kruskal 秩至少为 $1/\mu$。*

在下一节中，我们将给出一个简单的贪心算法来解决非相干矩阵上的稀疏恢复问题。该算法将证明它正在取得进展，并在进展过程中寻找 $\boldsymbol{x}$ 的正确非零位置，这与我们刚刚证明的唯一性结果思想相同。

5.3 追踪算法

在稀疏恢复问题中，有一类重要的算法称为追踪算法(pursuit algorithm)。这类算法都是基于贪心和迭代原理的。它们使用非相干矩阵，并在 $\boldsymbol{A}$ 中寻找能够解释尽可能多的观察向量 $\boldsymbol{b}$ 的列。它们减去该列的一个倍数，然后继续计算余项。这种算法最早是在 Mallat 和 Zhang 的一篇有影响力的论文[111]中提出的，被称为匹配追踪。在本节中，我们将分析它的一个变种，称为*正交匹配追踪*。后者的方便性在于，算法将保持不变性，即余项与我们迄今为止选择的 $\boldsymbol{A}$ 的所有列正交。这样做使得每一步的成本都比较高，但是更容易分析和理解背后的直观原因。

在本节中，令 $\boldsymbol{A}$ 为 μ 不相干的 $n\times m$ 矩阵。令 $\boldsymbol{x}$ 为 k 稀疏的，且 $k<1/(2\mu)$，同时令 $\boldsymbol{A}\boldsymbol{x}=\boldsymbol{b}$。最后，我们将使用 T 表示 $\boldsymbol{x}$ 的支撑集，即 $\boldsymbol{x}$ 中非零元素的位置。现在让我们正式定义正交匹配追踪：

77

正交匹配追踪

输入： 矩阵 $\boldsymbol{A}\in\mathbb{R}^{n\times m}$，向量 $\boldsymbol{b}\in\mathbb{R}^{n}$，所需的非零项数量 $k\in\mathbb{N}$
输出： 最多有 k 个非零项的解 $\boldsymbol{x}$

初始化：$\boldsymbol{x}^0=0$，$\boldsymbol{r}^0=\boldsymbol{A}\boldsymbol{x}^0-\boldsymbol{b}$，$S=\emptyset$
对于 $\ell=1, 2, \cdots, k$

　　选择能最大化 $\dfrac{|\langle \boldsymbol{A}_j, \boldsymbol{r}^{\ell-1}\rangle|}{\|A_j\|_2^2}$ 的列 j

将 j 加到 S 中

　　设 $\boldsymbol{r}^{\ell}=\text{proj}_{\boldsymbol{U}^{\perp}}(\boldsymbol{b})$，其中 $\boldsymbol{U}=\text{span}(A_S)$

　　若 $\boldsymbol{r}^{\ell}=\boldsymbol{0}$，则跳出

结束

求解 $\boldsymbol{x}_S$：$\boldsymbol{A}_S\boldsymbol{x}_S=\boldsymbol{b}$，令 $\boldsymbol{x}_{\bar{S}}=0$

我们的分析将侧重于建立以下两个不变性：

1）算法选择的每个索引 j 都在 T 中。
2）每个索引 j 最多只能被选择一次。

这两个性质直接表明正交匹配追踪可以恢复真解 $\boldsymbol{x}$，因为在 $S=T$ 之前，残差 $\boldsymbol{r}^{\ell}$ 将是非零的，另外，线性系统 $\boldsymbol{A}_T\boldsymbol{x}_T=\boldsymbol{b}$ 有且只有一个解(这一点从上一节中可知)。

性质 2 是直接的，因为一旦在算法的每个后续步骤中有 $j\in S$，我们将得到 $\boldsymbol{r}^{\ell}\perp\boldsymbol{U}$，其中 $\boldsymbol{U}=\text{span}(\boldsymbol{A}_S)$，因此如果 $j\in S$ 则 $\langle\boldsymbol{r}^{\ell},\boldsymbol{A}_j\rangle=0$。我们的主要目标是构建性质 1，并通过归纳法来证明。主要引理是：

引理 5.3.1　如果在一个阶段开始时有 $S\subseteq T$，那么正交匹配追踪选择 $j\in T$。

我们首先证明一个辅助引理：

引理 5.3.2　如果 $\boldsymbol{r}^{\ell-1}$ 在一个阶段开始时得到 T 的支撑，那么正交匹配追踪选择 $j\in T$。

证明：令 $\boldsymbol{r}^{\ell-1}=\sum_{i\in T} y_i\boldsymbol{A}_i$。那么，我们可以对 $\boldsymbol{A}$ 的列进行重新排序，使前 k' 个列对应于 $\boldsymbol{y}$ 的 k' 个非零项并依次递减：

$$\underbrace{|y_1|\geqslant|y_2|\geqslant\cdots\geqslant|y_{k'}|>0}_{\text{对应于}\boldsymbol{A}\text{的前}k'\text{列}},\quad |y_{k'+1}|=0,\ |y_{k'+2}|=0,\cdots,|y_m|=0$$

其中 $k'\leqslant k$。因此 $\operatorname{supp}(\boldsymbol{y})=\{1,2,\cdots,k'\}\subseteq T$。那么，确保我们选择 $j\in T$ 的一个充分条件是

$$|\langle\boldsymbol{A}_1,\boldsymbol{r}^{\ell-1}\rangle|>|\langle\boldsymbol{A}_i,\boldsymbol{r}^{\ell-1}\rangle|\quad\forall i\geqslant k'+1\tag{5.1}$$

78

我们可以给出式(5.1)左侧的下界：

$$\begin{aligned}|\langle\boldsymbol{r}^{\ell-1},\boldsymbol{A}_1\rangle|&=\left|\left\langle\sum_{\ell=1}^{k'}y_\ell\boldsymbol{A}_\ell,\boldsymbol{A}_1\right\rangle\right|\geqslant|y_1|-\sum_{\ell=2}^{k'}|\boldsymbol{y}_\ell||\langle\boldsymbol{A}_\ell,\boldsymbol{A}_1\rangle|\\&\geqslant|y_1|-|y_1|(k'-1)\mu\geqslant|y_1|(1-k'\mu+\mu)\end{aligned}$$

在 $k'\leqslant k<1/(2\mu)$ 的假设下，其严格下界为 $|y_1|(1/2+\mu)$。

然后我们可以给出式(5.1)右侧的上界：

$$|\langle\boldsymbol{r}^{\ell-1},\boldsymbol{A}_i\rangle|=\left|\left\langle\sum_{\ell=1}^{k'}y_\ell\boldsymbol{A}_\ell,\boldsymbol{A}_i\right\rangle\right|\leqslant|y_1|\sum_{\ell=1}^{k'}|\langle\boldsymbol{A}_\ell,\boldsymbol{A}_i\rangle|\leqslant|y_1|k'\mu$$

在 $k'\leqslant k<1/(2\mu)$ 的假设下，其严格上限为 $|y_1|/2$。由于 $|y_1|(1/2+\mu)>|y_1|/2$，我们可以得出结论：条件(5.1)成立，能确保算法选择 $j\in T$，证明完毕。 ■

现在我们可以证明引理 5.3.1：

证明：假设在一个阶段开始时有 $S\subseteq T$，那么残差 $\boldsymbol{r}^{\ell-1}$ 在 T 中得到支撑，因为我们可以将其写为

$$\boldsymbol{r}^{\ell-1}=\boldsymbol{b}-\sum_{i\in S}z_i\boldsymbol{A}_i\text{，其中 } z=\operatorname{argmin}\|\boldsymbol{b}-\boldsymbol{A}_S\boldsymbol{z}_S\|_2$$

应用上述引理，我们得出结论，该算法选择 $j\in T$。■

这就归纳地建立了性质1，证明了正交匹配追踪的正确性，我们在下面进行总结：

定理5.3.3　令 $\boldsymbol{A}$ 为一个 $n\times m$ 的矩阵，该矩阵是 μ 非相干的，其列为单位范数。如果 $\boldsymbol{Ax}=\boldsymbol{b}$，且 $\|\boldsymbol{x}\|_0<\frac{1}{2\mu}$，那么正交匹配追踪的输出正好是 $\boldsymbol{x}$。

请注意，此算法正好可以达到我们建立唯一性的阈值。然而，在 $\boldsymbol{A}=[\boldsymbol{U},\boldsymbol{V}]$ 且 $\boldsymbol{U}$ 和 $\boldsymbol{V}$ 正交的情况下，我们证明了一个唯一性结果，它在常数因子下更好。尽管存在比上面的算法更好的算法（参见文献[67]），但目前还没有一种已知算法能与最佳的唯一性约束相匹配。

该追踪算法与其他追踪算法的不同之处也值得一提。例如，在匹配追踪中，我们不会在每个阶段结束时重新计算 $x_i(i\in S)$ 系数。我们只是保留它们的任何设置，并希望在向 S 添加新索引 j 时不需要对其进行太多调整。这就是匹配追踪在实践中更快的原因。但因为我们需要跟踪误差（由于没有将 $\boldsymbol{b}$ 投影到我们目前选择的列的正交补码（orthogonal complement）上）是如何累积的，所以分析更为烦琐。

79

5.4　Prony 方法

普遍存在一种误解，认为稀疏恢复算法是一种现代发明的算法。其实，稀疏恢复可以追溯到1795年提出的一种叫作 Prony 方法

的算法，它几乎可以给我们想要的一切。我们将拥有一个显式的 $2k\times n$ 的感知矩阵 $\boldsymbol{A}$，对于该矩阵，能够使用高效算法精确地恢复任何 k 稀疏信号。它甚至还有一个优点，那就是我们可以使用快速傅里叶变换在 $O(n\log n)$ 时间内计算出矩阵向量乘积 $\boldsymbol{Ax}$。

对于这种方法需要特别注意的是，它非常不稳定，因为它涉及对范德蒙矩阵（Vandermonde matrix）求逆，这可能是非常困难的。因此，当你听到压缩感知突破了香农-奈奎斯特的壁垒时，你应该记住 Prony 方法已经做到了这一点。Prony 方法与我们稍后将要研究的算法不同的是，它们是在有噪声的情况下工作的。这使它们更具有实际意义。不管怎样，从理论的角度来看，Prony 方法是非常有用的，你可以从中得到的结果类型总是能以其他名字被重新发现。

离散傅里叶变换的性质

Prony 方法将关键地利用离散傅里叶变换的各种性质。回想一下，作为一个矩阵，这个变换的项是

$$F_{a,b}=\left(\frac{1}{\sqrt{n}}\right)\exp\left(\frac{\mathrm{i}2\pi(a-1)(b-1)}{n}\right)$$

正如我们之前所做的，我们将简化符号并将 $\omega=\mathrm{e}^{\mathrm{i}2\pi/n}$ 表示为第 n 个单位复根。用这种记号法，a 行 b 列中的项可以表示为 $\omega^{(a-1)(b-1)}$。

矩阵 $\boldsymbol{F}$ 具有以下重要性质：

1）$\boldsymbol{F}$ 是正交的：$\boldsymbol{F}^H\boldsymbol{F}=\boldsymbol{F}\boldsymbol{F}^H$，其中 $\boldsymbol{F}^H$ 是 $\boldsymbol{F}$ 的厄米特转置（Hermitian transpose）。

2）$\boldsymbol{F}$ 能对角化卷积算子。

80

接下来，我们对卷积进行定义。实际上，我们可以通过其对应的线性变换来实现：

定义 5.4.1（循环矩阵）　对于一个向量 $\boldsymbol{c}=[c_1,c_2,\cdots,c_n]$，令

$$\boldsymbol{M}^c=\begin{bmatrix} c_n & c_{n-1} & c_{n-2} & \cdots & c_1 \\ c_1 & c_n & c_{n-1} & \cdots & c_2 \\ \vdots & \vdots & \vdots & & \vdots \\ c_{n-1} & c_{n-2} & c_{n-3} & \cdots & c_n \end{bmatrix}$$

那么矩阵向量乘积 $\boldsymbol{M}^c\boldsymbol{x}$ 就是我们从 $\boldsymbol{c}$ 和 $\boldsymbol{x}$ 的卷积中得到的向量，用 $\boldsymbol{c}*\boldsymbol{x}$ 表示。直观地讲，如果你认为 $\boldsymbol{c}$ 和 $\boldsymbol{x}$ 代表离散随机变量的概率分布，那么 $\boldsymbol{c}*\boldsymbol{x}$ 就代表将两个变量相加并使用模运算将 n 包围得到的随机变量的分布。

如前所述，我们可以用 $\boldsymbol{F}$ 来对角化 $\boldsymbol{M}^c$。更正式地说，我们能得到以下事实，并将不加证明地使用它：

声明 5.4.2　$\boldsymbol{M}^c=\boldsymbol{F}^H\mathrm{diag}(\hat{\boldsymbol{c}})\boldsymbol{F}$，其中 $\hat{\boldsymbol{c}}=\boldsymbol{F}\boldsymbol{c}$。

这告诉我们，我们可以将卷积视为傅里叶表示中的坐标相乘。更确切地说：

推论 5.4.3　令 $\boldsymbol{z}=\boldsymbol{c}*\boldsymbol{x}$，那么 $\hat{\boldsymbol{z}}=\hat{\boldsymbol{c}}\odot\hat{\boldsymbol{x}}$，其中 $\odot$ 表示坐标相乘。

证明：我们可以写出 $\boldsymbol{z}=\boldsymbol{M}^c\boldsymbol{x}=\boldsymbol{F}^H\mathrm{diag}(\hat{\boldsymbol{c}})\boldsymbol{F}\boldsymbol{x}=\boldsymbol{F}^H\mathrm{diag}(\hat{\boldsymbol{c}})\hat{\boldsymbol{x}}=\boldsymbol{F}^H(\hat{\boldsymbol{c}}\odot\hat{\boldsymbol{x}})$，证明完毕。 ■

辅助多项式

Prony 方法围绕以下辅助多项式展开：

定义 5.4.4（辅助多项式）

$$p(z)=\prod_{b\in\mathrm{supp}(\boldsymbol{x})}\omega^{-b}(\omega^b-z)=1+\lambda_1 z+\cdots+\lambda_k z^k$$

声明 5.4.5　如果已知 $p(z)$，则可以找到 $\text{supp}(\boldsymbol{x})$。

证明：实际上，当且仅当 $p(\omega^b)=0$，$\boldsymbol{x}$ 的支撑集包含索引 b。因此我们可以在 ω 的幂上评估 p，而 p 评估为非零的指数正是 $\boldsymbol{x}$ 的支撑集。■

81

Prony 方法的基本思想是利用离散傅里叶变换的前 $2k$ 个值来找到 p，从而得到 $\boldsymbol{x}$ 的支撑集。然后就可以通过求解线性系统来实际找到 $\boldsymbol{x}$ 的值。我们的首要目标是找到辅助多项式。令

$$\boldsymbol{v}=[1,\lambda_1,\lambda_2,\cdots,\lambda_k,0,\cdots,0]\text{，且 } \hat{\boldsymbol{v}}=\boldsymbol{F}\boldsymbol{v}$$

不难看出，$\hat{\boldsymbol{v}}$ 在索引 $b+1$ 处的值正好是 $p(\omega^b)$。

声明 5.4.6　$\text{supp}(\hat{\boldsymbol{v}})=\overline{\text{supp}(\boldsymbol{x})}$

即 $\hat{\boldsymbol{v}}$ 的零元素对应于 p 的根，也就是对应于 $\boldsymbol{x}$ 的非零元素。相反，$\hat{\boldsymbol{v}}$ 的非零元素对应于 $\boldsymbol{x}$ 的零元素。我们得出结论 $\boldsymbol{x}\odot\hat{\boldsymbol{v}}=0$，因此：

推论 5.4.7　$\boldsymbol{M}^{\hat{x}}\boldsymbol{v}=0$

证明：我们可以应用声明 5.4.2 将 $\boldsymbol{x}\odot\hat{\boldsymbol{v}}=0$ 重写为 $\hat{\boldsymbol{x}}*\boldsymbol{v}=\hat{0}=0$，进而揭示了推论成立。■

让我们显式地写出这个线性系统：

$$\boldsymbol{M}^{\hat{x}}=\begin{bmatrix}
\hat{x}_n & \hat{x}_{n-1} & \cdots & \hat{x}_{n-k} & \cdots & \hat{x}_1 \\
\hat{x}_1 & \hat{x}_n & \cdots & \hat{x}_{n-k+1} & \cdots & \hat{x}_2 \\
\vdots & \vdots & & \vdots & & \vdots \\
\hat{x}_{k+1} & \hat{x}_k & \cdots & \hat{x}_1 & \cdots & \hat{x}_{k+2} \\
\vdots & \vdots & & \vdots & & \vdots \\
\hat{x}_{2k} & \hat{x}_{2k-1} & \cdots & \hat{x}_k & \cdots & \hat{x}_{2k+1} \\
\vdots & \vdots & & \vdots & & \vdots
\end{bmatrix}$$

回想一下，由于只得到 $\boldsymbol{x}$ 的 DFT 的前 $2k$ 个值，因此我们无法获得此矩阵的所有项。但是，请考虑 $k\times k+1$ 子矩阵，其左上角的值为 $\hat{x}_{k+1}$，右下角的值为 $\hat{x}_k$。该矩阵仅涉及我们已知的值！

考虑

$$\begin{bmatrix} \hat{x}_k & \hat{x}_{k-1} & \cdots & \hat{x}_1 \\ \vdots & \vdots & & \vdots \\ \hat{x}_{2k-1} & \hat{x}_{2k-1} & \cdots & \hat{x}_k \end{bmatrix} \begin{bmatrix} \lambda_1 \\ \lambda_2 \\ \vdots \\ \lambda_k \end{bmatrix} = - \begin{bmatrix} \hat{x}_{k+1} \\ \vdots \\ \hat{x}_{2k} \end{bmatrix}$$

事实证明，该线性系统是满秩的，所以 $\boldsymbol{\lambda}$ 是线性系统的唯一解（证明留给读者）。$\boldsymbol{\lambda}$ 中的项是 p 的系数，因此一旦解出 $\boldsymbol{\lambda}$，就可以在 ω^b 上评估辅助多项式以找到 $\boldsymbol{x}$ 的支撑集。剩下要做的就是找到 $\boldsymbol{x}$ 的值。实际上，令 $\boldsymbol{M}$ 为 $\boldsymbol{F}$ 对 S 中的列及其前 $2k$ 行的限制。$\boldsymbol{M}$ 是一个范德蒙矩阵，因此 $\boldsymbol{M}\boldsymbol{x}_S=\hat{\boldsymbol{x}}_{1,2,\cdots,2k}$ 同样具有唯一解，我们可以通过求解该线性系统来找到 $\boldsymbol{x}$ 的非零值。

82

Prony 方法的保证可以总结为以下定理：

定理 5.4.8　令 $\boldsymbol{A}$ 为取离散傅里叶变换矩阵 $\boldsymbol{F}$ 的前 $2k$ 行得到的 $2k\times n$ 的矩阵。那么，对于任何 k 稀疏信号 $\boldsymbol{x}$，Prony 方法可以从 $\boldsymbol{A}\boldsymbol{x}$ 中精确地恢复 $\boldsymbol{x}$。

如果你好奇的话，这是稀疏恢复中的另一个主题，我们可以将其与 Kruskal 秩联系起来。很容易能够证明得到 $\boldsymbol{A}$ 的列的 Kruskal 秩等于 $2k$。实际上，无论我们选择的是 $\boldsymbol{F}$ 的哪 $2k$ 行，都是如此。此外，事实证明，在某些情况下，Prony 方法和相关方法可以被证明在噪声存在的情况下是有效的，但仅在 $\boldsymbol{x}$ 的非零位置上的某些分离条件下奏效。详见 Moitra 的论文[113]。

5.5 压缩感知

在本节中，我们将介绍关于感知矩阵 $\boldsymbol{A}$ 的有力新假设，称为限定等距性(restricted isometry property)。你可以将其视为 Kruskal 秩的鲁棒类比，在这里我们不仅希望 $\boldsymbol{A}$ 的每组 $2k$ 列都线性无关，还希望它们是良态的。我们将证明，一个简单的凸规划松弛是非常有效的。只要选择好 $\boldsymbol{A}$，我们就能够从 $O(k\log(n/k))$的线性测量中恢复 k 稀疏信号。该算法能够在多项式时间内运行。此外，它还对噪声具有鲁棒性，即使 $\boldsymbol{x}$ 不是 k 稀疏的，我们仍能够近似地恢复其 k 个最大坐标。这是一种更强有力的保证，虽然自然信号并不是 k 稀疏的，但是能够恢复其最大的 k 个坐标通常就足够了。

现在定义限定等距性：

定义 5.5.1 如果对于所有 k 稀疏向量 $\boldsymbol{x}$ 有

$$(1-\delta)\|\boldsymbol{x}\|_2^2 \leqslant \|\boldsymbol{Ax}\|_2^2 \leqslant (1+\delta)\|\boldsymbol{x}\|_2^2$$

83

那么矩阵 $\boldsymbol{A}$ 满足(k, δ)限定等距性。

与我们考虑过的其他假设一样，在随机选择的感知矩阵上，限定等距性以高概率成立：

引理 5.5.2 令 $\boldsymbol{A}$ 为 $m\times n$ 的矩阵，其中每项均为独立的标准高斯随机变量。当 $m\geqslant 10k\log n/k$ 时，$\boldsymbol{A}$ 极有可能满足$(k, 1/3)$限定等距性。

接下来，让我们通过近似恢复 $\boldsymbol{x}$ 的 k 个最大坐标来形式化我们想表达的意思。我们的目标将根据以下函数来形式化：

定义 5.5.3 $\gamma_k(\boldsymbol{x}) = \min\limits_{\boldsymbol{w}\ \text{s.t.}\ \|\boldsymbol{w}\|_0\leqslant k} \|\boldsymbol{x}-\boldsymbol{w}\|_1$

简而言之，$\gamma_k(\boldsymbol{x})$是 $\boldsymbol{x}$ 中除 k 个最大幅度项之外的所有绝对值之和。如果 $\boldsymbol{x}$ 确实是 k 稀疏的，则 $\gamma_k(\boldsymbol{x})=0$。

我们的目标是找到一个几乎与任何 k 稀疏向量一样能逼近 $\boldsymbol{x}$ 的 $\boldsymbol{w}$。更确切地说，我们希望用尽可能少的线性测量来找到一个满足 $\|\boldsymbol{x}-\boldsymbol{w}\|_1\leqslant C_{\gamma_k(\boldsymbol{x})}$ 的 $\boldsymbol{w}$。这个学习目标已经包含了我们在前面几节中的其他精确恢复结果，因为当 $\boldsymbol{x}$ 为 k 稀疏时，正如我们讨论过的那样，$\gamma_k(\boldsymbol{x})$为零，所以我们别无选择，只能恢复 $\boldsymbol{w}=\boldsymbol{x}$。

在本节中，我们的方法将基于凸规划松弛。与其尝试解决 NP-hard 的优化问题(P_0)，我们不如考虑现在著名的 ℓ_1 范数：

$$(P_1)\quad \min\|\boldsymbol{w}\|_1 \quad \text{s. t. } \boldsymbol{A}\boldsymbol{w}=\boldsymbol{b}$$

首先陈述一些关于用(P_1)进行稀疏恢复的一些众所周知的结果：

定理 5.5.4[43]　如果 $\delta_{2k}+\delta_{3k}<1$，那么当 $\|\boldsymbol{x}\|_0\leqslant k$ 时，我们有 $\boldsymbol{w}=\boldsymbol{x}$。

定理 5.5.5[42]　如果 $\delta_{3k}+3\delta_{4k}<2$，那么

$$\|\boldsymbol{x}-\boldsymbol{w}\|_2\leqslant\frac{C}{\sqrt{k}}\gamma_k(\boldsymbol{x})$$

上面的保证与其他保证有一点不同(而且往往更强)，因为这个约束是以误差 $\boldsymbol{x}-\boldsymbol{w}$ 的 ℓ_2 范数为依据的。

定理 5.5.6[51]　如果 $\delta_{2k}<1/3$，那么

$$\|\boldsymbol{x}-\boldsymbol{w}\|_1\leqslant\frac{2+2\delta_{2k}}{1-3\delta_{2k}}\gamma_k(\boldsymbol{x})$$

我们不会确切地证明这些结果，但是我们将按照 Kashin 和 Temlyakov[96]的方法来证明类似的东西，这(据我所知)极大地简化

了分析过程。但是在分析(P_1)之前，我们需要从函数分析中引入一个概念，称为“殆欧氏子空间”。

殆欧氏子空间

非正式地，一个殆欧氏子空间(almost Euclidean subsection)是一个子空间，其中 ℓ_1 范数和 ℓ_2 范数在重新缩放后几乎相等。我们将仅断言一个随机子空间是一个高概率的殆欧氏子空间的事实。相反，我们将花费大部分时间建立有关欧式子空间的各种几何特性。当我们回到压缩感知时，将使用这些特性。关键定义如下：

定义 5.5.7 如果对于子空间 $\boldsymbol{\Gamma}\subseteq\mathbb{R}^n$ 中的所有 $\boldsymbol{v}$，有

$$\frac{1}{\sqrt{n}}\|\boldsymbol{v}\|_1 \leqslant \|\boldsymbol{v}\|_2 \leqslant \frac{C}{\sqrt{n}}\|\boldsymbol{v}\|_1$$

那么 $\boldsymbol{\Gamma}$ 是一个 C 殆欧氏子空间。

实际上，第一个不等式不是很重要。因为对于任何一个向量，它总是满足$\frac{1}{\sqrt{n}}\|\boldsymbol{v}\|_1\leqslant\|\boldsymbol{v}\|_2$。所有动作都发生在第二个不等式中。首次看到它们时，这种子空间的存在并不明显。事实上，Garnaev 和 Gluskin[75]证明了存在很多殆欧氏子空间：

定理 5.5.8 如果 $\boldsymbol{\Gamma}$ 是均匀地随机选择的一个子空间且 $\dim(\boldsymbol{\Gamma})=n-m$，那么对于

$$C=O\left(\sqrt{\frac{n}{m}\log\frac{n}{m}}\right)$$

我们认为 $\boldsymbol{\Gamma}$ 很大概率是一个 C 殆欧氏子空间。

最后，让我们铭记这样一幅美妙的画面。考虑 ℓ_1 范数的单位

球。它有时也被称为正轴形(cross polytope)，为了直观地看清它，你可以将其形象化地视为向量$\{\pm \boldsymbol{e}_i\}_i$的凸包，其中$\boldsymbol{e}_i$是标准基向量。当将一个子空间$\boldsymbol{\Gamma}$与正轴形相交时，如果我们得到一个几乎球形的凸体，那么该子空间是殆欧氏子空间。

$\boldsymbol{\Gamma}$的几何性质

我们将在这里建立C殆欧氏子空间的一些重要几何性质。在本节中，令$S=n/C^2$。首先，我们证明$\boldsymbol{\Gamma}$不能包含任何稀疏的非零向量：

85

声明 5.5.9　令$\boldsymbol{v}\in\boldsymbol{\Gamma}$，则$\boldsymbol{v}=\boldsymbol{0}$或$|\mathrm{supp}(\boldsymbol{v})|\geqslant S$。

证明：从Cauchy-Schwartz和C殆欧氏性质来看，我们有

$$\begin{aligned}\|\boldsymbol{v}\|_1&=\sum_{j\in\mathrm{supp}(\boldsymbol{v})}|v_j|\leqslant\sqrt{|\mathrm{supp}(\boldsymbol{v})|}\cdot\|\boldsymbol{v}\|_2\\&\leqslant\sqrt{|\mathrm{supp}(\boldsymbol{v})|}\ \frac{C}{\sqrt{n}}\|\boldsymbol{v}\|_1\end{aligned}$$

现在从重新排列项来证明。■

值得注意的是，线性纠错码是一个很好的类比，它也是大维度的子空间(但在GF_2之上)，我们希望每个非零向量至少有一个常量部分坐标为非零。无论如何，让我们继续讨论殆欧氏子空间的一些更强的性质，这些性质与ℓ_1范数的分布程度有关。首先，让我们给出一个有用的记号：

定义 5.5.10　对于$\boldsymbol{\Lambda}\subseteq[n]$，令$\boldsymbol{v}_{\boldsymbol{\Lambda}}$表示$\boldsymbol{v}$对$\boldsymbol{\Lambda}$中坐标的限制。类似地，令$\boldsymbol{v}^{\boldsymbol{\Lambda}}$表示$\boldsymbol{v}$对$\overline{\boldsymbol{\Lambda}}$的限制。

有了这个符号，让我们证明以下内容：

声明 5.5.11　假设 $\boldsymbol{v}\in\boldsymbol{\Gamma}$ 且 $\boldsymbol{\Lambda}\subseteq[n]$ 以及 $|\boldsymbol{\Lambda}|<S/16$。则

$$\|\boldsymbol{v}_{\boldsymbol{\Lambda}}\|_1<\frac{\|\boldsymbol{v}\|_1}{4}$$

证明：此证明与声明 5.5.9 的证明几乎相同。再次利用 Cauchy-Schwartz 和 C 殆欧氏性质，可以得到

$$\|\boldsymbol{v}_{\boldsymbol{\Lambda}}\|_1\leqslant\sqrt{|\boldsymbol{\Lambda}|}\,\|\boldsymbol{v}_{\boldsymbol{\Lambda}}\|_2\leqslant\sqrt{|\boldsymbol{\Lambda}|}\,\|\boldsymbol{v}\|_2\leqslant\sqrt{|\boldsymbol{\Lambda}|}\,\frac{C}{\sqrt{n}}\|\boldsymbol{v}\|_1$$

插入项，证明完毕。■

现在，我们已经拥有了可以给出关于(P_1)的第一个结果所需的所有工具：

引理 5.5.12　令 $\boldsymbol{w}=\boldsymbol{x}+\boldsymbol{v}$ 且 $\boldsymbol{v}\in\boldsymbol{\Gamma}$，其中$\|\boldsymbol{x}\|_0\leqslant S/16$。那么$\|\boldsymbol{w}\|_1>\|\boldsymbol{x}\|_1$。

证明：设 $\boldsymbol{\Lambda}=\text{supp}(\boldsymbol{x})$。那么

$$\begin{aligned}\|\boldsymbol{w}\|_1&=\|(\boldsymbol{x}+\boldsymbol{v})_{\boldsymbol{\Lambda}}\|_1+\|(\boldsymbol{x}+\boldsymbol{v})^{\boldsymbol{\Lambda}}\|_1\\&=\|(\boldsymbol{x}+\boldsymbol{v})_{\boldsymbol{\Lambda}}\|_1+\|\boldsymbol{v}^{\boldsymbol{\Lambda}}\|_1\end{aligned}$$

现在我们可以调用三角不等式：

$$\begin{aligned}\|\boldsymbol{w}\|_1&\geqslant\|\boldsymbol{x}_{\boldsymbol{\Lambda}}\|_1-\|\boldsymbol{v}_{\boldsymbol{\Lambda}}\|_1+\|\boldsymbol{v}^{\boldsymbol{\Lambda}}\|_1\\&=\|\boldsymbol{x}\|_1-\|\boldsymbol{v}_{\boldsymbol{\Lambda}}\|_1+\|\boldsymbol{v}^{\boldsymbol{\Lambda}}\|_1\\&=\|\boldsymbol{x}_{\boldsymbol{\Lambda}}\|_1-2\|\boldsymbol{v}_{\boldsymbol{\Lambda}}\|_1+\|\boldsymbol{v}\|_1\end{aligned}$$

然而，利用声明 5.5.11 有$\|\boldsymbol{v}\|_1-2\|\boldsymbol{v}_{\boldsymbol{\Lambda}}\|_1\geqslant\|\boldsymbol{v}\|_1/2>0$。证明完毕。

■

插入定理 5.5.8 的边界，我们已经证明了可以用

86

$$k \leqslant \frac{S}{16} = \Omega\left(\frac{n}{C^2}\right) = \Omega\left(\frac{m}{\log n/m}\right)$$

从 m 个线性测量中恢复一个 n 维的 k 稀疏向量 $\boldsymbol{x}$。

接下来，我们将考虑稳定恢复。我们的主要定理是：

定理 5.5.13　令 $\boldsymbol{\Gamma} = \ker(\boldsymbol{A})$ 为一个 C 殆欧氏子空间且 $S = \frac{n}{C^2}$，如果 $\boldsymbol{Ax} = \boldsymbol{Aw} = \boldsymbol{b}$ 且 $\|\boldsymbol{w}\|_1 \leqslant \|\boldsymbol{x}\|_1$，我们有

$$\|\boldsymbol{x} - \boldsymbol{w}\|_1 \leqslant 4\sigma_{\frac{S}{16}}(\boldsymbol{x})$$

证明：令 $\boldsymbol{\Lambda} \subseteq [n]$ 为最大化 $\|\boldsymbol{x}_{\boldsymbol{\Lambda}}\|_1$ 的 $S/16$ 坐标的集合。我们想得到 $\|\boldsymbol{x} - \boldsymbol{w}\|_1$ 的上界。通过重复应用三角不等式 $\|\boldsymbol{w}\|_1 = \|\boldsymbol{w}^{\boldsymbol{\Lambda}}\|_1 + \|\boldsymbol{w}_{\boldsymbol{\Lambda}}\|_1 \leqslant \|\boldsymbol{x}\|_1$ 以及 $\sigma_t(\cdot)$ 的定义，可以得出：

$$\begin{aligned}
\|\boldsymbol{x} - \boldsymbol{w}\|_1 &= \|(\boldsymbol{x} - \boldsymbol{w})_{\boldsymbol{\Lambda}}\|_1 + \|(\boldsymbol{x} - \boldsymbol{w})^{\boldsymbol{\Lambda}}\|_1 \\
&\leqslant \|(\boldsymbol{x} - \boldsymbol{w})_{\boldsymbol{\Lambda}}\|_1 + \|\boldsymbol{x}^{\boldsymbol{\Lambda}}\|_1 + \|\boldsymbol{w}^{\boldsymbol{\Lambda}}\|_1 \\
&\leqslant \|(\boldsymbol{x} - \boldsymbol{w})_{\boldsymbol{\Lambda}}\|_1 + \|\boldsymbol{x}^{\boldsymbol{\Lambda}}\|_1 + \|\boldsymbol{x}\|_1 - \|\boldsymbol{w}_{\boldsymbol{\Lambda}}\|_1 \\
&\leqslant 2\|(\boldsymbol{x} - \boldsymbol{w})_{\boldsymbol{\Lambda}}\|_1 + 2\|\boldsymbol{x}^{\boldsymbol{\Lambda}}\|_1 \\
&\leqslant 2\|(\boldsymbol{x} - \boldsymbol{w})_{\boldsymbol{\Lambda}}\|_1 + 2\sigma_{\frac{S}{16}}(\boldsymbol{x})
\end{aligned}$$

由于$(\boldsymbol{x} - \boldsymbol{w}) \in \boldsymbol{\Gamma}$，我们可以应用声明 5.5.11 得出结论，$\|(\boldsymbol{x} - \boldsymbol{w})_{\boldsymbol{\Lambda}}\|_1 \leqslant \frac{1}{4}\|\boldsymbol{x} - \boldsymbol{w}\|_1$。因此

$$\|\boldsymbol{x} - \boldsymbol{w}\|_1 \leqslant \frac{1}{2}\|\boldsymbol{x} - \boldsymbol{w}\|_1 + 2\sigma_{\frac{S}{16}}(\boldsymbol{x})$$

证明完毕。■

结语

最后，我们将以压缩感知中的一个主要开放性问题作为结尾，

该问题给出满足限定等距性的矩阵的确定性构造：

问题 1（开放） 是否存在一种确定性算法来构造一个具有限定等距性的矩阵？或者说，是否存在一种确定性算法来构造一个殆欧氏子空间 $\boldsymbol{\Gamma}$？

Avi Wigderson 喜欢将这类问题的求解称为“大海捞针”。我们知道，一个随机选择的 $\boldsymbol{A}$ 以高概率满足了限定等距性。它的核也很有可能是殆欧氏子空间。但是我们能不能去掉随机性呢？最著名的确定性构造由 Guruswami、Lee 和 Razborov[82] 提出。

87

定理 5.5.14[82] 有一种多项式时间的确定性算法，用于构造参数为 $C\sim(\log n)^{\log\log\log n}$ 的殆欧氏子空间 $\boldsymbol{\Gamma}$。

5.6 练习

问题 5-1 在这个问题中，我们将探讨稀疏恢复的唯一性条件以及可证明 ℓ_1 最小化有效的条件。

(a) 令 $\boldsymbol{A}\hat{\boldsymbol{x}}=\boldsymbol{b}$，并假设 $\boldsymbol{A}$ 有 n 列。进一步假设 $2k\leqslant m$。证明对于每个 $\hat{\boldsymbol{x}}$ 有 $\|\hat{\boldsymbol{x}}\|_0\leqslant k$，当且仅当 $\boldsymbol{A}$ 的列的 k 秩至少为 $2k$ 时，$\hat{\boldsymbol{x}}$ 是线性系统的唯一最稀疏解。

(b) 令 $\boldsymbol{U}=\text{kernel}(\boldsymbol{A})$，且 $\boldsymbol{U}\subset\mathbb{R}^n$。假设对于每个非零 $\boldsymbol{x}\in\boldsymbol{U}$，以及对于任何集合 $\boldsymbol{S}\subset[n]$（$|\boldsymbol{S}|\leqslant k$），

$$\|\boldsymbol{x}_S\|_1\leqslant\frac{1}{2}\|\boldsymbol{x}\|_1$$

其中，$\boldsymbol{x}_S$ 表示 $\boldsymbol{x}$ 对 $\boldsymbol{S}$ 中坐标的限制。证明给定 $\boldsymbol{A}\hat{\boldsymbol{x}}=\boldsymbol{b}$ 和 $\|\hat{\boldsymbol{x}}\|_0\leqslant k$，

$$(P1)\qquad \min\|\boldsymbol{x}\|_1\quad \text{s. t. } \boldsymbol{A}\boldsymbol{x}=\boldsymbol{b}$$

可以恢复 $\boldsymbol{x}=\hat{\boldsymbol{x}}$。

(c) **挑战**：你能构造一个维度为 $\Omega(n)$ 的子空间 $\boldsymbol{U}\subset\mathbb{R}^n$，且该子空间具有每个非零 $\boldsymbol{x}\in\boldsymbol{U}$ 至少具有 $\Omega(n)$ 个非零坐标的性质吗？提示：使用展开式。

问题 5-2 令 $\hat{\boldsymbol{x}}$ 为 n 维的 k 稀疏向量，ω 为第 n 个单位根；假设给定 $v_\ell=\sum_{j=1}^{n}\hat{x}_j\omega^{\ell j}$，其中 $\ell=0，1，\cdots，2k-1$；定义 $\boldsymbol{A}$，$\boldsymbol{B}\in\mathbb{R}^{k\times k}$ 使 $A_{i,j}=v_{i+j-2}$，$B_{i,j}=v_{i+j-1}$。

(a) 将 $\boldsymbol{A}$ 和 $\boldsymbol{B}$ 表示为 $\boldsymbol{A}=\boldsymbol{V}\boldsymbol{D}_A\boldsymbol{V}^{\mathrm{T}}$ 和 $\boldsymbol{B}=\boldsymbol{V}\boldsymbol{D}_B\boldsymbol{V}^{\mathrm{T}}$，其中 $\boldsymbol{V}$ 是范德蒙矩阵，$\boldsymbol{D}_A$ 和 $\boldsymbol{D}_B$ 是对角矩阵。

(b) 证明广义特征值问题 $\boldsymbol{A}\boldsymbol{x}=\boldsymbol{\lambda}\boldsymbol{B}\boldsymbol{x}$ 的解可用于恢复 $\hat{\boldsymbol{x}}$ 中的非零位置。

(c) 给定 $\hat{\boldsymbol{x}}$ 和 v_0，v_1，…，v_{k-1}，给出一种算法来恢复 $\hat{\boldsymbol{x}}$ 的非零系数的值。

这就是所谓的矩阵束方法(matrix pencil method)。如果随意瞥一眼，它看起来就像 Prony 方法(5.4 节)，并且具有类似的保证。当且仅当范德蒙矩阵是良态，两者都对噪声具有(某种程度上)鲁棒性。而具体何时发生是一个较长的故事，参见 Moitra 的论文[113]。

88

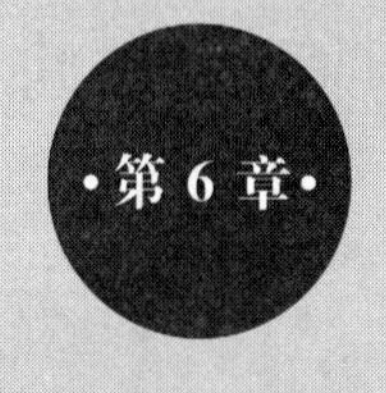

稀疏编码

许多类型的信号原本都是稀疏的，要么是在它们的自然基上，要么是在手工设计的基上(例如，一个小波族)。但是，如果我们得到一个信号集合，而不知道它们的稀疏基，那么我们能自动学习它吗？这个问题有各种各样的名称，包括稀疏编码和字典学习。它是在神经科学的背景下引入的，被用来解释神经元如何获得它们的激活模式类型。它在压缩和深度学习领域也有应用。在本章中，我们将给出利用凸规划松弛和迭代算法的稀疏编码算法。在这些算法中，我们将证明贪心方法在适当的随机模型中能够成功地最小化一个非凸函数。

6.1 介绍

稀疏编码是由致力于理解哺乳动物视觉皮层特性的神经科学家 Olshausen 和 Field[117]提出的。他们能够测量神经元的接受域，也就是神经元本质上是如何对各种类型的刺激做出响应的。但是他们的发现让他们大吃一惊。这些响应模式总是：

1) 空间定位(spatially localized)，这意味着每个神经元只对图像特定区域的光敏感。

2）带通(bandpass)，即增加高频成分对响应的影响可以忽略不计。

3）定向(oriented)，只有当边缘处于一定角度范围内时，具有锐边的旋转图像才会产生响应。

89

令人惊讶的是，如果你把一组自然图像压缩到一个 k 维的子空间，用主成分分析把它们投影到上面，你找到的方向不会有任何这些特性。那么神经元是如何学习它们用来表示图像的这些基的呢?

Olshausen 和 Field[117] 的发现是革命性的。首先，神经元使用基的好处在于它们产生稀疏的激活模式。或者用我们的话来说，神经元是在稀疏基上表示自然图像的集合。其次，Olshausen 和 Field 提出，学习这样的基是有自然和生物学上可信的规则的。他们引入了一个简单的更新规则，让同时激活的神经元加强彼此之间的连接。这就是所谓的 Hebbian 学习规则。从经验上看，他们的迭代算法在自然图像上运行时恢复了一个满足上述三个特性的基。因此，该算法解释了视觉皮层某些生物学特性出现的原因。

从那时起，稀疏编码和字典学习成为信号处理和机器学习中的重要问题。假设我们有一组 $\boldsymbol{b}^{(1)}$，$\boldsymbol{b}^{(2)}$，…，$\boldsymbol{b}^{(p)}$，它们在一个公共基上是稀疏的。特别地，有一个矩阵 $\boldsymbol{A}$ 和一组表示 $\boldsymbol{x}^{(1)}$，$\boldsymbol{x}^{(2)}$，…，$\boldsymbol{x}^{(p)}$，其中 $\boldsymbol{A}\boldsymbol{x}^{(i)}=\boldsymbol{b}^{(i)}$，且每个 $\boldsymbol{x}^{(i)}$ 都是稀疏的。让我们讨论两种流行的方法，分别是最优方向法和 k-SVD。

最优方向法[68]

输入： 矩阵 $\boldsymbol{B}$，其列可以联合稀疏地表示

输出： 基 $\hat{\boldsymbol{A}}$ 和表示 $\hat{\boldsymbol{X}}$

猜测 $\hat{\boldsymbol{A}}$

循环直到收敛：

给定$\hat{A}$，计算一列稀疏$\hat{X}$，使得$\hat{A}\hat{X}\approx B$(例如使用匹配追踪[111]或者基追踪[50])

给定$\hat{X}$，计算$\hat{A}$，使$\|\hat{A}\hat{X}-B\|_F$最小

结束

90

为了简化表示，我们将观测值$b^{(i)}$组织为矩阵B中的列，并使用矩阵$\hat{X}$来表示我们估计的稀疏表示。另一种流行的方法如下：

k-SVD[5]

输入：矩阵B，其列可以联合稀疏地表示

输出：基$\hat{A}$和表示$\hat{X}$

猜测$\hat{A}$

循环直到收敛：

给定$\hat{A}$，计算一列稀疏$\hat{X}$，使得$\hat{A}\hat{X}\approx B$(例如使用匹配追踪[111]或者基追踪[50])

对于每一列$\hat{A}_j$：

将所有样本$b^{(i)}$分组，其中$\hat{x}^{(i)}$在索引j非零

减去其他方向的成分：

$$b^{(i)}-\sum_{j'\neq j}\hat{A}_{j'}\hat{x}_{j'}^{(i)}$$

将这些向量组织成一个残差矩阵，然后计算顶部奇异向量v并更新列$\hat{A}_j$到v

结束

这些算法可以看作我们给出的非负矩阵分解的交替最小化算法的变体。它们遵循相同的启发式风格。不同之处在于，在执行更新时，k-SVD对基$\hat{A}$中其他列的贡献进行修正的方式更聪明，这使它成为实践中的启发式选择。从经验上看，这两种算法对初始化都很

敏感，但抛开这个问题，它们的工作效果都很好。

我们想要算法具有可证明的保证，那么很自然地就会关注 $\boldsymbol{A}$ 是我们知道如何解决稀疏恢复问题的基的情况。因此，我们可以考虑两种情况：不完备情况，即 A 是列满秩的；过完备情况，即 $\boldsymbol{A}$ 的列数多于行数，并且 $\boldsymbol{A}$ 要么是不相干的，要么具有限定等距性。这正是我们在本章要做的。我们还将假设一个关于 $\boldsymbol{x}^{(i)}$ 如何生成的随机模型，这有助于预防许多可能出现的问题(例如，$\boldsymbol{A}$ 中的列从未被表示出来)。

91

6.2 不完备情况

本节将给出 $\boldsymbol{A}$ 列满秩时的稀疏编码算法。我们的方法基于凸规划松弛法和第 5 章中提出的许多见解。我们将利用其行是样本矩阵 $\boldsymbol{B}$ 的行空间中最稀疏的向量这一见解找到稀疏表示矩阵 $\boldsymbol{X}$。更正式地说，Spielman 等人[131]的算法是在如下自然生成模型下工作的：

1）有一个未知字典 $\boldsymbol{A}$，它是一个 $n \times m$ 矩阵，并且列满秩。

2）每个样本 $\boldsymbol{x}$ 具有独立的坐标，坐标为非零的概率为 θ。如果坐标非零，则其值为标准高斯样本。

3）观察使得 $\boldsymbol{Ax}=\boldsymbol{b}$ 的 $\boldsymbol{b}$。

这样，我们所有的样本在未知的基上都是稀疏的。因此我们想找到 $\boldsymbol{A}$，或等效地找到它的左伪逆 $\boldsymbol{A}^{+}$，即能够使所有样本稀疏的线性变换。参数 θ 控制着每个表示 $\boldsymbol{x}$ 的平均稀疏度，要求它既不能太大也不能太小。更正式地说，我们假设：

$$\frac{1}{n} \leqslant \theta \frac{1}{n^{1/2}\log n}$$

Spielman 等人[131]给出了多项式时间算法来精确地恢复矩阵 $\boldsymbol{A}$。

这比我们稍后将要提到的算法有更强的保证，稍后提到的算法仅近似恢复 $\boldsymbol{A}$ 或达到任意良好的精度，但是需要更多的样本才能实现。当然，稍后提到的算法在不完备和存在噪声的情况下也能奏效。同样重要的是，严格来说，如果 $\boldsymbol{x}_i$ 的坐标是独立的，那么我们可以使用独立成分分析算法来恢复 $\boldsymbol{A}$[74]。然而，这些算法对独立性假设非常敏感，即使在较弱的条件下(可以清楚地说明的情况)，我们在此处所做的一切都可以奏效。

我们将简化假设 $\boldsymbol{A}$ 是可逆的。这实际上并没有任何代价，这里将其作为一项练习留给读者。无论如何，该算法的主要观点包含在以下声明中：

声明 6.2.1 $\boldsymbol{B}$ 的行跨度和 $\boldsymbol{A}^{-1}\boldsymbol{B}=\boldsymbol{X}$ 的行跨度是相同的。

92

证明：对于任意向量 $\boldsymbol{u}$，我们能观察到

$$\boldsymbol{u}^{\mathrm{T}}\boldsymbol{B} = (\boldsymbol{u}^{\mathrm{T}}\boldsymbol{A})\boldsymbol{A}^{-1}\boldsymbol{B} = \boldsymbol{v}^{\mathrm{T}}\boldsymbol{X}$$

所以我们可以用 $\boldsymbol{X}$ 的行对应的线性组合来表示 $\boldsymbol{B}$ 的行的任意线性组合。显然我们也可以反过来这样做。 ■

现在我们非正式地陈述第二个声明：

声明 6.2.2 给定足够的样本，$\boldsymbol{X}$ 的行跨度中最稀疏的向量很可能是 $\boldsymbol{X}$ 的行。

这一声明在直观上是显而易见的。$\boldsymbol{X}$ 的行是独立的随机向量，其平均稀疏度为 θ。对于 θ 的选择，我们几乎没有冲突，这意味着 $\boldsymbol{X}$ 的任意两行的稀疏度应约为一行的稀疏度的两倍。

现在来谈谈对凸规划松弛的需求。我们不能指望直接找到任意子空间中最稀疏的向量。我们已经在定理 5.1.5 中证明了这个问题是 NP-hard 问题。但是，让我们利用从稀疏恢复中得到的见解，并

使用凸规划松弛来代替。考虑下面的优化问题：

$$(P_1) \qquad \min \|\boldsymbol{w}^{\mathrm{T}}\boldsymbol{B}\|_1 \quad \text{s.t. } \boldsymbol{r}^{\mathrm{T}}\boldsymbol{w}=1$$

这是用 ℓ_1 范数替换向量稀疏度的通常技巧。仅需要约束 $\boldsymbol{r}^{\mathrm{T}}\boldsymbol{w}=1$ 来固定归一化，以防止返回全零向量作为解。我们将选择 $\boldsymbol{r}$ 作为 $\boldsymbol{B}$ 中的列，原因将在稍后阐明。目的是证明(P_1)的最优解是 $\boldsymbol{X}$ 的缩放行。实际上，可以将上述线性规划转换为更简单的形式，使得分析更加容易：

$$(Q_1) \qquad \min \|\boldsymbol{z}^{\mathrm{T}}\boldsymbol{X}\|_1 \quad \text{s.t. } \boldsymbol{c}^{\mathrm{T}}\boldsymbol{z}=1$$

引理 6.2.3　令 $\boldsymbol{c}=\boldsymbol{A}^{-1}\boldsymbol{r}$，则$(P_1)$的解与保留了目标值的$(Q_1)$的解之间存在双射。

证明：给定(P_1)的一个解 $\boldsymbol{w}$，我们可以设 $\boldsymbol{z}=\boldsymbol{A}^{\mathrm{T}}\boldsymbol{w}$。目标值相同是因为

$$\boldsymbol{w}^{\mathrm{T}}\boldsymbol{B}=\boldsymbol{w}^{\mathrm{T}}\boldsymbol{A}\boldsymbol{X}=\boldsymbol{z}^{\mathrm{T}}\boldsymbol{X}$$

并且满足线性约束条件，又因为

$$1=\boldsymbol{r}^{\mathrm{T}}\boldsymbol{w}=\boldsymbol{r}^{\mathrm{T}}(\boldsymbol{A}^{\mathrm{T}})^{-1}\boldsymbol{z}=\boldsymbol{r}^{\mathrm{T}}(\boldsymbol{A}^{-1})^{\mathrm{T}}\boldsymbol{z}=\boldsymbol{c}^{\mathrm{T}}\boldsymbol{z}$$

93　可以很容易检查出能够以类似的方式从(Q_1)的解到达(P_1)的解。■

最小值在某种程度上是稀疏的

在这里，我们将在分析中建立关键的一步：我们将证明任何最优解 $\boldsymbol{z}_*$ 的支撑集都包含在 $\boldsymbol{c}$ 的支撑集中。记住，我们选择 $\boldsymbol{r}$ 作为 $\boldsymbol{B}$ 的列，会在之后对此进行解释。所以现在我们可以问：为什么这样做？关键在于，如果 $\boldsymbol{r}$ 是 $\boldsymbol{B}$ 的一列，那么(P_1)和(Q_1)的解之间的双射的工作方式是设 $\boldsymbol{c}=\boldsymbol{A}^{-1}\boldsymbol{r}$，因此 $\boldsymbol{c}$ 是 $\boldsymbol{X}$ 的一列。在我们的模型中，

$\boldsymbol{c}$ 是稀疏的，因此如果我们证明 $\boldsymbol{z}_*$ 的支撑集包含在 $\boldsymbol{c}$ 的支撑集中，那么可以证明 $\boldsymbol{z}_*$ 也是稀疏的。

现在让我们陈述并证明本小节中的主要引理。在下面的内容中，我们将断言某些事情很有可能发生，但不会详细说明关于实现这些事情所需要的样本数量问题。相反，我们将给出一个启发式的论证——为什么集中范围应该以这种方式解决，并专注于对稀疏恢复的类比。详细信息请参考 Spielman 等人的论文[131]。

引理 6.2.4 (Q_1) 的任何最优解 $\boldsymbol{z}_*$ 大概率满足 $\text{supp}(\boldsymbol{z}_*)\subseteq\text{supp}(\boldsymbol{c})$。

证明：首先将 $\boldsymbol{z}_*$ 分解为两部分。设 $J=\text{supp}(\boldsymbol{c})$ 且 $\boldsymbol{z}_*=\boldsymbol{z}_0+\boldsymbol{z}_1$，其中 J 支撑 $\boldsymbol{z}_0$，而 $\bar{J}$ 支撑 $\boldsymbol{z}_1$。那么有 $\boldsymbol{c}^{\mathrm{T}}\boldsymbol{z}_0=\boldsymbol{c}^{\mathrm{T}}\boldsymbol{z}_*$。这意味着，既然 $\boldsymbol{z}_*$ 是 (Q_1) 的可行解，那么 $\boldsymbol{z}_0$ 也是。我们的目标是证明 $\boldsymbol{z}_0$ 是比 $\boldsymbol{z}_*$ 严格上更优的解。更正式地说，我们要证明

$$\|\boldsymbol{z}_0^{\mathrm{T}}\boldsymbol{X}\|_1<\|\boldsymbol{z}_*^{\mathrm{T}}\boldsymbol{X}\|_1$$

令 S 是在 J 中有非零项的 $\boldsymbol{X}$ 的列集合，即：

$$S=\{j\,|\,\boldsymbol{X}_j^J\neq\vec{0}\}$$

现在我们计算：

$$\begin{aligned}\|\boldsymbol{z}_*^{\mathrm{T}}\boldsymbol{X}\|_1&=\|\boldsymbol{z}_*^{\mathrm{T}}\boldsymbol{X}_S\|_1+\|\boldsymbol{z}_*^{\mathrm{T}}\boldsymbol{X}_{\bar{S}}\|_1\\&\geqslant\|\boldsymbol{z}_0^{\mathrm{T}}\boldsymbol{X}_S\|_1-\|\boldsymbol{z}_1^{\mathrm{T}}\boldsymbol{X}_S\|_1+\|\boldsymbol{z}_1^{\mathrm{T}}\boldsymbol{X}_{\bar{S}}\|_1\\&\geqslant\|\boldsymbol{z}_0^{\mathrm{T}}\boldsymbol{X}\|_1-2\|\boldsymbol{z}_1^{\mathrm{T}}\boldsymbol{X}_S\|_1+\|\boldsymbol{z}_1^{\mathrm{T}}\boldsymbol{X}\|_1\end{aligned}$$

接下来，我们假设下面的声明：

声明 6.2.5 对于任何非零的 $\boldsymbol{z}_1$，我们大概率能够得到 $\|\boldsymbol{z}_1^{\mathrm{T}}\boldsymbol{X}\|_1>2\|\boldsymbol{z}_1^{\mathrm{T}}\boldsymbol{X}_S\|_1$。

基于以上声明，我们有：

$$\| \boldsymbol{z}_*^{\mathrm{T}} \boldsymbol{X} \|_1 > \| \boldsymbol{z}_0^{\mathrm{T}} \boldsymbol{X} \|_1$$

94 证明完毕。■

下面来证明声明 6.2.5：

证明：现在，让我们假设 $\boldsymbol{z}_1$ 是固定的并且是单位向量。那么 S 是一个随机集合，如果我们从模型中抽取 p 个样本，则：

$$\mathbb{E}[\| \boldsymbol{z}_1^{\mathrm{T}} \boldsymbol{X}_S \|_1] = \frac{|S|}{p} \mathbb{E}[\| \boldsymbol{z}_1^{\mathrm{T}} \boldsymbol{X} \|_1]$$

S 的期望大小为 $p \times \mathbb{E}[|\mathrm{supp}(\boldsymbol{x}_i)|] \times \theta = \theta^2 np = o(p)$。同时，可以推出

$$\mathbb{E}[\| \boldsymbol{z}_1^{\mathrm{T}} \boldsymbol{X} \|_1 - 2\| \boldsymbol{z}_1^{\mathrm{T}} \boldsymbol{X}_S \|_1] = \left(1 - \frac{2\mathbb{E}[|S|]}{p}\right) \mathbb{E}[\| \boldsymbol{z}_1^{\mathrm{T}} \boldsymbol{X} \|_1]$$

是有界的，且远离零，从而证明了我们所期望的边界

$$\| \boldsymbol{z}_1^{\mathrm{T}} \boldsymbol{X} \|_1 - 2\| \boldsymbol{z}_1^{\mathrm{T}} \boldsymbol{X}_S \|_1 > 0$$

对于任何固定的 $\boldsymbol{z}_1$ 来说都有很高的概率成立。我们可以对所有可能的单位向量 $\boldsymbol{z}_1$ 的 ε-net 施加联合界，并通过重新缩放得出该边界对所有非零 $\boldsymbol{z}_1$ 成立的结论。■

最小值是 X 的行

现在我们知道(Q_1)的解在某种程度上很稀疏，因为它们的支撑集包含在 $\boldsymbol{c}$ 的支撑集中。但是，甚至 $\boldsymbol{X}$ 的行的稀疏线性组合也几乎没有冲突，因此我们应该期望 ℓ_1 范数被近似保留。更确切地说：

引理 6.2.6 对于在大小最多为 $10\theta n\log n$ 的集合 J 中支撑的任何向量 $\boldsymbol{z}$，我们大概率可以得到：

$$\|\boldsymbol{z}_J^{\mathrm{T}}\boldsymbol{X}^J\|_1=(1\pm o(1))C\frac{p}{|J|}\|\boldsymbol{z}_J\|_1$$

其中 C 是 $\boldsymbol{X}$ 中非零元素的期望绝对值。

我们不会在这里证明这个引理。完整的证明过程参见 Spielman 等人的论文[131]。然而，直觉是很容易的。我们应该期望 $\boldsymbol{X}_J$ 的大多数列最多具有一个非零元素。分析这些列的期望贡献很简单，而其余列仅具有低阶贡献。对我们而言，这意味着除了(Q_1)，还可以考虑：

$$(R_1)\qquad \min\|\boldsymbol{z}\|_1\quad \text{s. t.}\quad \boldsymbol{c}^{\mathrm{T}}\boldsymbol{z}=1$$

因为(Q_1)和(R_1)的可行区域相同，并且重新缩放后它们的目标值几乎相同。最后一步如下：

95

引理 6.2.7 如果 $\boldsymbol{c}$ 中最大值 c_i 的坐标唯一，则对于所有其他坐标 j，(R_1)的唯一最优解满足 $z_i=1/c_i$ 和 $z_j=0$。

现在我们陈述主要定理：

定理 6.2.8[131] 假设 $\boldsymbol{A}$ 是一个 $n\times m$ 的矩阵，且它是列满秩的，并且我们从生成模型中得到了多项式数量的样本。那么存在一种多项式时间算法可以准确地恢复 $\boldsymbol{A}$(最多对其列进行一次置换和重新缩放)，且成功率很高。

证明：该定理是将引理 6.2.4、引理 6.2.6 和引理 6.2.7 综合在一起而得出的。利用这些和引理 6.2.3 中的双射，我们得出结论：对于(P_1)的任何最优解，出现在目标函数中的向量是

$$\boldsymbol{w}^{\mathrm{T}}\boldsymbol{B}=\boldsymbol{z}^{\mathrm{T}}\boldsymbol{X}$$

其中只有 $\boldsymbol{z}$ 的第 i 个坐标是非零的。因此，它是 $\boldsymbol{X}$ 的第 i 行的缩放副本。现在，由于生成模型从标准高斯模型中选择了 $\boldsymbol{x}$ 的非零项，因此几乎可以肯定存在绝对值最大的坐标。

此外，对于任何固定坐标 i，它大概率是 $\boldsymbol{X}$ 某列的绝对值中严格最大的坐标。这意味着，如果我们通过将 $\boldsymbol{r}$ 设为 $\boldsymbol{B}$ 的不同列来重复求解(P_1)，则 $\boldsymbol{X}$ 的每一行都有很高概率会出现。现在，一旦我们知道了 $\boldsymbol{X}$ 的行，就可以按如下方式求解 $\boldsymbol{A}$。如果我们抽取足够的样本，则 $\boldsymbol{X}$ 大概率将具有左伪逆，并且我们可以通过计算 $\boldsymbol{A}=\boldsymbol{B}\boldsymbol{X}^{+}$，最多对列进行一次置换和重新缩放操作来恢复 $\boldsymbol{A}$。证明完毕。 ■

6.3　梯度下降

梯度下降及其衍生物是机器学习中最普遍的算法。传统上，我们面临的任务是在整个空间(无约束情况)或某个凸体 $\boldsymbol{K}$ 上最小化凸函数 f：$\mathbb{R}^n \to \mathbb{R}$。你可能想到的最简单有效的算法就是沿着最陡的方向下降。实际上，有各种各样的收敛保证，这取决于你对函数的认知有多少。是否至少有二次可微？它的梯度是否平滑变化？能根据它拟合二次函数吗？甚至有加速方法可以利用与物理学相关的东西(如动量)来获得更快的速率。关于迭代方法可以写一本完整的书。而且确实有很多了不起的资源，例如 Nesterov[116] 和 Rockefellar[127] 的著作。

96

在本节中，我们将对简单情况下的梯度下降的一些基本结论进行证明，其中 f 是二次可微、β 平滑且 α 强凸的。我们将证明目标的当前值和最佳值之间的差值呈指数衰减。最终，我们关注将梯度下降应用于非凸问题。一些最有趣的问题(例如深度网络中的参数拟合)都是非凸的。当面对非凸函数 f 时，无论什么情况，只需要运用梯度下降即可。

证明关于非凸优化的保证是非常具有挑战性的(除了能够达到局部最小值之类的事情)。然而，我们的过完备稀疏编码方法将基于对梯度下降分析的抽象。实际上，梯度总会在某种程度上指向全局最小解的方向。在非凸环境中以及适当的随机假设下，即使是简单的更新规则也会以类似的方式取得进展，我们仍然能从这种直觉中得到一些收益。无论如何，我们现在定义梯度下降：

梯度下降

给定：一个可微凸函数 f：$\mathbb{R}^n \rightarrow \mathbb{R}$

输出：f 的近似最小值点 x_T

对于 $t=1, \cdots, T$

$$x_{t+1}=x_t-\eta \nabla f(x_t)$$

结束

参数 η 称为学习率，你要使它变得很大，但不要大过头。我们对梯度下降的分析将取决于多变量微积分。下面的多元泰勒定理会对我们有用：

定理 6.3.1 令 f：$\mathbb{R}^n \rightarrow \mathbb{R}$ 是一个可微凸函数，则

$$\begin{aligned} f(y) &= f(x)+(\nabla f(x))^T(y-x) \\ &\quad +\frac{1}{2}(y-x)^T \nabla^2 f(x)(y-x)+o(\|y-x\|^2) \end{aligned}$$

97

现在，让我们精确地定义我们将对 f 施加的条件。首先，我们需要梯度变化不要太快：

定义 6.3.2 如果对于所有 x 和 y，有

$$\|\nabla f(y)-\nabla f(x)\| \leqslant \beta\|y-x\|$$

则我们将说 f 是 β 平滑的。或者，如果 f 是二次可微的，则对于任意 x，上述条件等同于 $\|\nabla^2 f(x)\| \leqslant \beta$。

接下来，我们需要能够在 f 下拟合二次函数。我们需要一个这样的条件来避免 f 长时间保持平坦的情况，但是需要走很远才能达到全局最小值。如果可以在 f 下拟合一个二次函数，那么你应当知道全局最小值不能与当前位置相距太远。

定义 6.3.3　如果对于所有 x 和 y，有

$$(y-x)^T \nabla^2 f(x)(y-x) \geqslant \alpha\|y-x\|^2$$

或等价地，对于所有 x 和 y，f 满足

$$f(y) \geqslant f(x)+(\nabla f(x))^T(y-x)+\frac{\alpha}{2}\|y-x\|^2$$

则凸函数 f 是 α 强凸的。

现在让我们阐明将在本节中证明的主要结果：

定理 6.3.4　令 f 为二次可微、β 平滑且 α 强凸的。令 x^* 为 f 的最小值且 $\eta \leqslant \frac{1}{\beta}$。那么从 x_1 开始的梯度下降满足：

$$f(x_t)-f(x^*) \leqslant \beta\left(1-\frac{\eta\alpha}{2}\right)^{t-1}\|x_1-x^*\|^2$$

我们将利用以下辅助引理：

引理 6.3.5　如果 f 是二次可微、β 平滑且 α 强凸的，则

$$\nabla f(x_t)^T(x_t-x^*) \geqslant \frac{\alpha}{4}\|x_t-x^*\|^2+\frac{1}{2\beta}\|\nabla f(x_t)\|^2$$

98　让我们回到它的证明。现在，让我们看看如何使用它建立定理 6.3.4。

证明：令 $\alpha'=\frac{\alpha}{4}$且 $\beta'=\frac{1}{2\beta}$，则有

$$
\begin{aligned}
\|x_{t+1}-x^*\|^2 &= \|x_t-x^*-\eta\nabla f(x_t)\|^2 \\
&= \|x_t-x^*\|^2-2\eta\nabla f(x_t)^T(x_t-x^*)+\eta^2\|\nabla f(x_t)\|^2 \\
&\leqslant \|x_t-x^*\|^2-2\eta(\alpha'\|x_t-x^*\|^2+\beta'\|\nabla f(x_t)\|) \\
&= (1-2\eta\alpha')\|x_t-x^*\|^2+(\eta^2-2\eta\beta')\|\nabla f(x_t)\|^2 \\
&\leqslant (1-2\eta\alpha')\|x_t-x^*\|^2
\end{aligned}
$$

第一个等式来自梯度下降的定义，第一个不等式来自引理 6.3.5，最后一个不等式来自学习率 η 的边界。为了完成证明，请注意：

$$f(x_t)+\nabla f(x_t)^T(x^*-x_t)\leqslant f(x^*)$$

重新排列不等式并引用 β 平滑度，我们有

$$f(x_t)-f(x^*)\leqslant\nabla f(x_t)^T(x_t-x^*)\leqslant\beta\|x_t-x^*\|^2$$

综上所述，我们有

$$f(x_t)-f(x^*)\leqslant\beta(1-2\eta\alpha')\|x_t-x^*\|^2$$

证明完毕。 ■

现在，让我们收尾并证明引理 6.3.5。

证明：首先，由强凸性我们有

$$f(x^*)\geqslant f(x)+\nabla f(x)^T(x^*-x)+\frac{\alpha}{2}\|x-x^*\|^2$$

利用 $f(x)\geqslant f(x^*)$并重新排列，我们得到

$$\nabla f(x)^T(x-x^*)\geqslant\frac{\alpha}{2}\|x-x^*\|^2$$

这是引理的一半。现在让我们将左侧与梯度范数联系起来。实际

上，我们需要定理6.3.1具有拉格朗日余项的一种更方便的形式。

定理6.3.6　令 $f: \mathbb{R}^n \to \mathbb{R}$ 是一个二次可微函数。对于某个 $t \in [0, 1]$ 和 $x' = ty + (1-t)x$，我们有

$$\nabla f(x) = \nabla f(y) + \nabla^2 f(x')(x - y)$$

可以使用多元中值定理证明这一点。在任何情况下，只要设 $y = x^*$ 并观察到 $\nabla f(x^*) = 0$，就可以得到

99

$$\nabla f(x) = \nabla^2 f(x')(x - x^*)$$

由此可得，对于某些 $x' = tx + (1-t)x^*$

$$\nabla f(x)^T (\nabla^2 f(x'))^{-1} \nabla f(x) = \nabla f(x)^T (x - x^*)$$

现在，β 平滑意味着 $(\nabla^2 f(x'))^{-1} \geqslant \frac{1}{\beta} \|\nabla f(x')\|^2$，因此

$$\|\nabla f(x)^T (x - x^*)\| \geqslant \frac{1}{\beta}$$

取两个主要不等式的平均值即可完成证明。 ■

实际上，即使移动的方向只是梯度的近似值，我们的证明也是有效的。这是一个重要的捷径，例如，当 f 是一个依赖于大量训练实例的损失函数时。你可以不计算 f 的梯度，而是抽样一些训练的实例，只在这些实例上计算损失函数，然后跟踪其梯度，这就是所谓的随机梯度下降。它移动的方向是一个随机变量，其期望值就是 f 的梯度。它的精妙之处在于，梯度下降的收敛性证明可以直接进行(只要你的样本足够大)。

我们还可以做进一步的抽象。如果你移动的方向不是梯度的随机近似值，而是满足引理6.3.5所示条件的某个方向呢？我们把这

种称为抽象梯度下降。

抽象梯度下降

给定：一个函数 $f:\mathbb{R}^n \to \mathbb{R}$

输出：一个靠近 x^* 的点 x_T

对于 $t=1,\cdots,T$

$x_{t+1}=x_t-\eta g_t$

结束

让我们介绍下列关键定义：

定义 6.3.7 如果对于所有 t，有

$$g_t^T(x_t-x^*)\geqslant \alpha'\|x_t-x^*\|^2+\beta'\|g_t\|^2-\varepsilon_t$$

则 g_t 与点 x^* 是$(\alpha',\beta',\varepsilon_t)$-相关的。

我们已经证明如果 f 是二次可微、β 平滑且 α 强凸的，则梯度与最优解 x^* 是$\left(\frac{\alpha}{4}, \frac{1}{2\beta}, 0\right)$-相关的。事实证明，我们给出的定理 6.3.4 的证明可以直接泛化到这个更抽象的环境中。 100

定理 6.3.8 假设 g_t 与点 x^* $(\alpha', \beta', \varepsilon_t)$-相关，而且 $\eta\leqslant 2\beta'$。那么从 x_1 开始的抽象梯度下降满足：

$$\|x_t-x^*\|^2\leqslant\left(1-\frac{\eta\alpha'}{2}\right)^{t-1}\|x_1-x^*\|^2+\frac{\max_t \varepsilon_t}{\alpha'}$$

现在，我们有了过完备稀疏编码所需的工具。虽然它们试图最小化的基础函数是非凸的，但我们将证明迭代方法的收敛边界。关键是使用上述框架并利用我们模型的随机特性。

6.4　过完备情况

在本节中，我们将提供适用于过完备字典的稀疏编码算法。像之前一样，我们将以随机模型开始。更正式地说，$\boldsymbol{x}$ 是根据以下过程生成的随机 k 稀疏向量。

1）从$[m]$的所有大小为 k 的子集中均匀随机选择 $\boldsymbol{x}$ 的支撑集。

2）如果第 j 个坐标不为零，那么它的值将被独立选择为$+1$或-1(均等概率)。

我们观察的只是 $\boldsymbol{A}\boldsymbol{x}=\boldsymbol{b}$ 的右侧。我们的目标是根据模型中足够的样本来学习 $\boldsymbol{A}$ 的列。实际上，我们在上述模型中做了一些简化的假设，而这些假设我们并不需要。实际上并不需要 $\boldsymbol{x}$ 的支撑集是均匀随机选择的，也不需要坐标是独立的，我们的算法甚至能够容忍附加噪声。尽管如此，这样会让我们的模型更容易理解，因此让我们坚持下去。

现在我们来了解主要的概念见解。通常，我们将迭代算法视为对非凸目标函数进行交替最小化。例如，以下是稀疏编码中流行的能量函数：

$$\mathcal{E}(\hat{\mathbf{A}},\hat{\boldsymbol{X}}) = \sum_{i=1}^{p} \| \boldsymbol{b}^{(i)} - \hat{\mathbf{A}}\, \hat{\boldsymbol{x}}^{(i)} \|^2 + \sum_{i=1}^{p} L(\hat{\boldsymbol{x}}^{(i)})$$

其中 $\boldsymbol{A}\boldsymbol{x}^{(i)}=\boldsymbol{b}^{(i)}$ 是我们的观测样本。此外，L 是损失函数，它对非 k 稀疏的向量 $\hat{\boldsymbol{x}}^{(i)}$ 进行惩罚。你可以将其视为硬惩罚函数，当 $\boldsymbol{x}$ 具有多于 k 个非零坐标时，它是无限的，否则为零。它也可以是稀疏诱导软惩罚函数。

101

许多迭代算法都试图最小化一个像上面这样的能量函数，它平衡了基对每个样本的解释程度以及每个表示的稀疏程度。问题在于该函数是非凸的，因此，如果要提供可证明的保证，你就必须厘清所有事情，例如为什么它不会陷入局部最小值或为什么它不会花费太多时间慢慢地绕着鞍点移动。

问题 1 我们能否不将迭代方法视为试图最小化一个已知的非凸函数，而是将其视为最小化一个未知的凸函数？

意思是：如果插入真正的稀疏表示 $\boldsymbol{x}$ 而不是$\hat{\boldsymbol{x}}$，会怎么样呢？我们的能量函数变为

$$\mathcal{E}(\hat{\boldsymbol{A}},\boldsymbol{X}) = \sum_{i=1}^{p} \| \boldsymbol{b}^{(i)} - \hat{\boldsymbol{A}}\boldsymbol{x}^{(i)} \|^2$$

它是凸的，因为只有基 $\boldsymbol{A}$ 是未知的。此外，很自然地期望在我们的随机模型(可能还有许多其他模型)中，$\mathcal{E}(\hat{\boldsymbol{A}}, \boldsymbol{X})$的最小值收敛到真实基 $\boldsymbol{A}$。因此，现在我们有了一个凸函数，其中存在一条通过梯度下降从初始解到最优解的路径。问题在于，由于 $\boldsymbol{X}$ 未知，所以我们无法评估或计算函数 $\mathcal{E}(\hat{\boldsymbol{A}}, \boldsymbol{X})$的梯度。

在本节中，我们遵循的路径是证明用于稀疏编码的简单迭代算法朝着近似于 $\mathcal{E}(\hat{\boldsymbol{A}}, \boldsymbol{X})$的梯度的方向移动。更确切地说，我们将证明在随机模型下，我们的更新规则移动的方向符合定义 6.3.7 中的条件。那是我们的行动计划。我们将研究下面的迭代算法：

用于稀疏编码的 Hebbian 规则

输入：样本 $\boldsymbol{b}=\boldsymbol{A}\boldsymbol{x}$ 和一个估计值$\hat{\boldsymbol{A}}$

输出：一个改善的估计值$\hat{\boldsymbol{A}}$

对于 $t=0,\cdots,T$

使用当前的字典进行解码：

$\hat{\boldsymbol{x}}^{(i)} = \text{threshold}_{1/2}(\hat{\boldsymbol{A}}^{\mathrm{T}}\boldsymbol{b}^{(i)})$

102

> 更新字典
> $$\hat{\boldsymbol{A}} \leftarrow \hat{\boldsymbol{A}} + \eta \sum_{i=qt+1}^{q(t+1)} (\boldsymbol{b}^{(i)} - \hat{\boldsymbol{A}}\, \hat{\boldsymbol{x}}^{(i)}) \mathrm{sign}(\hat{\boldsymbol{x}}^{(i)})^{\mathrm{T}}$$
> 结束

我们已经使用了以下符号：

定义 6.4.1　用 sign 表示元素操作，将正坐标设为+1，负坐标设为−1，零坐标设为零。同样，用 $\mathrm{threshold}_C$ 表示将绝对值小于 $C/2$ 的坐标清零，其余坐标保持不变的元素操作。

从另一种含义上看，这个更新规则也是自然的。在神经科学领域，字典 $\boldsymbol{A}$ 通常表示两个相邻神经元层之间的连接权重。那么，更新规则具有以下特性：当你建立一个计算稀疏表示的神经网络时，它会增强成对激发的神经元对之间的连接。回想一下，这些被称为 Hebbian 规则。

现在让我们定义度量标准，我们将使用该度量标准来衡量我们的估计值 $\hat{\boldsymbol{A}}$ 与真正的字典 $\boldsymbol{A}$ 之间的接近程度。像往常一样，我们不能希望恢复哪一列是哪一列或正确的符号，因此我们需要考虑这一点：

定义 6.4.2　设两个 $n \times m$ 矩阵 $\hat{\boldsymbol{A}}$ 和 $\boldsymbol{A}$(其列是单位向量)，如果对 $\hat{\boldsymbol{A}}$ 的列进行置换和符号翻转可得到矩阵 $\boldsymbol{B}$，使得对于所有 i 满足

$$\|\boldsymbol{B}_i - \boldsymbol{A}_i\| \leqslant \delta$$

且

$$\|\boldsymbol{B} - \boldsymbol{A}\| \leqslant \kappa \|\boldsymbol{A}\|$$

则 $\hat{\boldsymbol{A}}$ 和 $\boldsymbol{A}$ 是$(\delta,\ \kappa)$-相近的。

首先让我们分析算法的解码步骤：

引理 6.4.3 假设 $\boldsymbol{A}$ 是一个 $n\times m$ 的 μ 非相干矩阵，并且 $\boldsymbol{A}\boldsymbol{x}=\boldsymbol{b}$ 是根据随机模型生成的。进一步假设

$$k \leqslant \frac{1}{10\mu\log n}$$

且 $\hat{\boldsymbol{A}}$ 与 $\boldsymbol{A}$ 是 $(1/\log n,\ 2)$-相近的，那么解码成功，即有很高的概率可得到

$$\operatorname{sign}(\operatorname{threshold}_{1/2}(\hat{\boldsymbol{A}}^{\mathrm{T}}\boldsymbol{b})) = \operatorname{sign}(\boldsymbol{x})$$

103

我们不会在这里证明这个引理。我们的想法是，对于任何 j，可以写成

$$(\hat{\boldsymbol{A}}^{\mathrm{T}}\boldsymbol{b})_j = \boldsymbol{A}_j^{\mathrm{T}}\boldsymbol{A}_j\boldsymbol{x}_j + (\hat{\boldsymbol{A}}_j - \boldsymbol{A}_j)^{\mathrm{T}}\boldsymbol{A}_j\boldsymbol{x}_j + \hat{\boldsymbol{A}}_j^{\mathrm{T}}\sum_{i\in S\setminus\{j\}}\boldsymbol{A}_i\boldsymbol{x}_i$$

其中 $S=\operatorname{supp}(\boldsymbol{x})$。第一项是 $\boldsymbol{x}_j$，第二项的绝对值最大为 $1/\log n$，第三项是一个随机变量，其方差可以被适当约束。详细信息可参考 Arora 等人的论文[16]。请记住，对于非相干的字典，我们认为 $\mu=1/\sqrt{n}$。

令 γ 表示范数可忽略(例如 $n^{-\omega(1)}$)的任何向量。我们将使用 γ 来收集各种小的误差项，而不必担心最终表达式的形式。考虑当限制在某列 j 时，我们的 Hebbian 更新的预期移动方向。我们有

$$g_j = \mathbb{E}[(\boldsymbol{b} - \hat{\boldsymbol{A}}\,\hat{\boldsymbol{x}})\operatorname{sign}(\hat{\boldsymbol{x}}_j)]$$

其中，期望值在我们模型中的样本 $\boldsymbol{A}\boldsymbol{x}=\boldsymbol{b}$ 之上。这是一个先验的复杂表达式，因为 $\boldsymbol{b}$ 是模型的随机变量，而 $\hat{\boldsymbol{x}}$ 是由我们的解码规则产生的随机变量。我们的主要引理如下：

引理 6.4.4　假设 A 和 $\hat{\boldsymbol{A}}$ 是$(1/\log n,\ 2)$-相近的，那么

$$g_j = p_j q_j(\boldsymbol{I} - \hat{\boldsymbol{A}}_j \hat{\boldsymbol{A}}_j^{\mathrm{T}})\boldsymbol{A}_j + p_j \hat{\boldsymbol{A}}_{-j} \boldsymbol{Q} \hat{\boldsymbol{A}}_{-j}^{\mathrm{T}} \boldsymbol{A}_j \pm \gamma$$

其中 $q_j = \mathbb{P}[j \in S]$，$q_{i,j} = \mathbb{P}[i,\ j \in S]$且 $p_j = \mathbb{E}[\boldsymbol{x}_j \operatorname{sign}(\boldsymbol{x}_j) \mid j \in S]$，$Q = \operatorname{diag}(\{q_{i,j}\}_i)$。

证明：利用解码步骤可以高概率恢复 $\boldsymbol{x}$ 的正确符号这一事实，我们可以通过指示变量来应用各种技巧，以判断解码是否成功，并能够用 $\boldsymbol{x}$ 替换$\hat{\boldsymbol{x}}$。现在，让我们陈述以下声明，以后再证明。

声明 6.4.5　$g_j = \mathbb{E}[(\boldsymbol{I} - \hat{\boldsymbol{A}}_S \hat{\boldsymbol{A}}_S^{\mathrm{T}})\boldsymbol{A}\boldsymbol{x} \operatorname{sign}(\boldsymbol{x}_j)] \pm \gamma$

现在令 $S = \operatorname{supp}(\boldsymbol{x})$。我们首先采样 $\boldsymbol{x}$ 的支撑集，然后选择其非零项的值。因此我们可以使用子条件重写期望：

$$\begin{aligned} g_j &= \mathbb{E}_S[\mathbb{E}_{x_S}[(\boldsymbol{I} - \hat{\boldsymbol{A}}_S \hat{\boldsymbol{A}}_S^{\mathrm{T}})\boldsymbol{A}\boldsymbol{x} \operatorname{sign}(\boldsymbol{x}_j)] \mid S] \pm \gamma \\ &= \mathbb{E}_S[\mathbb{E}_{x_S}[(\boldsymbol{I} - \hat{\boldsymbol{A}}_S \boldsymbol{A}_S^{\mathrm{T}})\boldsymbol{A}_j \boldsymbol{x}_j \operatorname{sign}(\boldsymbol{x}_j)] \mid S] \pm \gamma \\ &= p_j \mathbb{E}_S[(\boldsymbol{I} - \hat{\boldsymbol{A}}_S \boldsymbol{A}_S^{\mathrm{T}})\boldsymbol{A}_j] \pm \gamma \\ &= p_j q_j(\boldsymbol{I} - \boldsymbol{A}_j \boldsymbol{A}_j^{\mathrm{T}})\boldsymbol{A}_j + p_j \hat{\boldsymbol{A}}_{-j} \boldsymbol{Q} \hat{\boldsymbol{A}}_{-j}^{\mathrm{T}} \boldsymbol{A}_j \pm \gamma \end{aligned}$$

104

第二个等式在支撑集 S 的条件下，使用了坐标不相关的事实。第三个等式使用 p_j 的定义。第四个等式是将 j 的贡献与其他所有坐标分开，其中 $\boldsymbol{A}_{-j}$表示删除第 j 列获得的矩阵。现在，完成了主要引理的证明。■

那么为什么这个引理告诉我们更新规则满足定义 6.3.7 中的条件呢？当$\hat{\boldsymbol{A}}$和 $\boldsymbol{A}$ 很接近时，你应该如下考虑表达式：

$$g = \underbrace{p_j q_j(\boldsymbol{I} - \hat{\boldsymbol{A}}_j \boldsymbol{A}_j^{\mathrm{T}})\boldsymbol{A}_j}_{\approx p_j q_j(\boldsymbol{A}_j - \hat{\boldsymbol{A}}_j)} + \underbrace{p_j \hat{\boldsymbol{A}}_{-j} \boldsymbol{Q} \boldsymbol{A}_{-j}^{\mathrm{T}} \boldsymbol{A}_j}_{\text{系统误差}} \pm \gamma$$

因此，更新规则的预期移动方向几乎是 $\boldsymbol{A}_j-\hat{\boldsymbol{A}}_j$ 的理想方向，指向正确的解。这告诉我们，有时绕过非凸性的方法是建立一个合理的随机模型。即使在最坏的情况下，仍然会陷入局部最小值，但通常情况下，每走一步都会取得进展。我们还没有讨论如何初始化的问题，但其实有简单的谱算法可以找到好的初始化。详细细节以及整个算法的证明请参考 Arora 等人的论文[16]。

最后，我们来证明声明 6.4.5：

证明：令 F 表示解码恢复 $\boldsymbol{x}$ 正确符号的事件。由引理 6.4.3 可知，事件 F 具有高概率。首先，让我们以增加一个可忽略的误差项为代价，使用事件 F 的指示变量将符号函数中的 $\hat{\boldsymbol{x}}$ 替换为 $\boldsymbol{x}$：

$$
\begin{aligned}
g_j &= \mathbb{E}[(\boldsymbol{b}-\hat{\boldsymbol{A}}\,\hat{\boldsymbol{x}})\operatorname{sign}(\hat{\boldsymbol{x}}_j)\,\mathbb{1}_F]+\mathbb{E}[(\boldsymbol{b}-\hat{\boldsymbol{A}}\,\hat{\boldsymbol{x}})\operatorname{sign}(\hat{\boldsymbol{x}}_j)\,\mathbb{1}_{\bar{F}}] \\
&= \mathbb{E}[(\boldsymbol{b}-\hat{\boldsymbol{A}}\,\hat{\boldsymbol{x}})\operatorname{sign}(\boldsymbol{x}_j)\,\mathbb{1}_F]\pm\gamma
\end{aligned}
$$

该等式使用了这样一个事实：当事件 F 发生时，$\operatorname{sign}(\hat{\boldsymbol{x}}_j)=\operatorname{sign}(\boldsymbol{x}_j)$。现在代入 $\hat{\boldsymbol{x}}$：

$$
\begin{aligned}
g_j &= \mathbb{E}[(\boldsymbol{b}-\hat{\boldsymbol{A}}\,\mathrm{threshold}_{1/2}(\hat{\boldsymbol{A}}^{\mathrm{T}}\boldsymbol{b}))\operatorname{sign}(\boldsymbol{x}_j)\,\mathbb{1}_F]\pm\gamma \\
&= \mathbb{E}[(\boldsymbol{b}-\hat{\boldsymbol{A}}_S\,\hat{\boldsymbol{A}}_S^{\mathrm{T}}\boldsymbol{b})\operatorname{sign}(\boldsymbol{x}_j)\,\mathbb{1}_F]\pm\gamma \\
&= \mathbb{E}[(\boldsymbol{I}-\hat{\boldsymbol{A}}_S\,\boldsymbol{A}_S^{\mathrm{T}})\boldsymbol{b}\,\operatorname{sign}(\boldsymbol{x}_j)\,\mathbb{1}_F]\pm\gamma
\end{aligned}
$$

这里我们用到了 $\mathrm{threshold}_{1/2}(\hat{\boldsymbol{A}}^{\mathrm{T}}\boldsymbol{b})$保持 S 中的所有坐标不变，并在事件 F 发生时将其余部分清零的事实。现在我们可以通过指示变量使用更多的技巧来消除它：

105

$$
\begin{aligned}
g_j &= \mathbb{E}[(\boldsymbol{I}-\hat{\boldsymbol{A}}_S\,\hat{\boldsymbol{A}}_S^{\mathrm{T}})\boldsymbol{b}\,\operatorname{sign}(\boldsymbol{x}_j)]-\mathbb{E}[(\boldsymbol{I}-\hat{\boldsymbol{A}}_S\,\hat{\boldsymbol{A}}_S^{\mathrm{T}})\boldsymbol{b}\operatorname{sign}(x_j)\,\mathbb{1}_{\bar{F}}]\pm\gamma \\
&= \mathbb{E}[(\boldsymbol{I}-\hat{\boldsymbol{A}}_S\,\hat{\boldsymbol{A}}_S^{\mathrm{T}})\boldsymbol{b}\,\operatorname{sign}(\boldsymbol{x}_j)]\pm\gamma
\end{aligned}
$$

这样就完成了证明。这些操作都很简单，但是它们为更新规则生成了一个有用的表达式。 ■

对于过完备的稀疏编码，还有其他更早的算法。Arora 等人[15]提出了一种基于重叠聚类的算法，该算法适用于非相干字典，几乎达到了稀疏恢复问题唯一解的阈值，即引理 5.2.3。Agarwal 等人[2,3]给出了针对过完备、不相干字典的算法，达到了多项式系数的阈值。Barak 等人[25]给出了基于平方和层次结构的算法，该算法几乎是线性稀疏的，但多项式的度取决于要求的准确率。

6.5 练习

问题 6-1　考虑稀疏编码模型 $\boldsymbol{y}=\boldsymbol{A}\boldsymbol{x}$，其中 $\boldsymbol{A}$ 是一个固定的 $n\times n$ 矩阵，具有标准正交列 $\boldsymbol{a}_i$，并且 $\boldsymbol{x}$ 具有从以下分布中抽取的独立同分布的坐标：

$$x_i=\begin{cases}+1 & \text{概率为 } \alpha/2\\ -1 & \text{概率为 } \alpha/2\\ 0 & \text{概率为 } 1-\alpha\end{cases}$$

目标是在给定多个独立样本 $\boldsymbol{y}$ 的情况下恢复 $\boldsymbol{A}$ 的列(最多进行符号翻转和置换)。构造矩阵

$$\boldsymbol{M}=\mathbb{E}_y[\langle \boldsymbol{y}^{(1)},\boldsymbol{y}\rangle\langle \boldsymbol{y}^{(2)},\boldsymbol{y}\rangle \boldsymbol{y}\boldsymbol{y}^{\mathrm{T}}]$$

其中 $\boldsymbol{y}^{(1)}=\boldsymbol{A}\boldsymbol{x}^{(1)}$ 和 $\boldsymbol{y}^{(2)}=\boldsymbol{A}\boldsymbol{x}^{(2)}$ 是来自稀疏编码模型的两个固定样本，同时期望值大于稀疏编码模型的第三个样本 $\boldsymbol{y}$。设 $\hat{z}$ 为 $\boldsymbol{M}$ 对应于最大(绝对值)特征值的(单位范数)特征向量。

(a) 用 α、$\boldsymbol{x}^{(1)}$、$\boldsymbol{x}^{(2)}$、$\{\boldsymbol{a}_i\}$写出 $\boldsymbol{M}$ 的表达式。

(b) 为简单起见，假设 $\boldsymbol{x}^{(1)}$、$\boldsymbol{x}^{(2)}$ 的支撑集大小都正好是 αn，它们的支撑集相交于一个坐标 i^*。证明$\langle \hat{z},\boldsymbol{a}_{i^*}\rangle^2\geqslant 1-O(\alpha^2 n)$，其中 $\alpha\to 0$。

106

该方法可用于寻找交替最小化的良好起始点。

·第 7 章·

高斯混合模型

许多自然统计数据(例如人类身高的分布)均可用高斯混合模型建模。混合模型的成分代表了来自不同子群体的分布部分。但假如我们事先不了解这些子群体，我们能否弄清楚它们是什么并学习它们的参数？能否根据样本可能来自的子群体对样本进行分类？在这一章中，我们将给出首个以逆多项式率来学习高斯混合参数的算法。一维案例是由统计学的创始人之一 Karl Pearson 提出的。我们将首先展示该方法的证明过程。另外，我们将在此基础上解决高维学习的问题。在这个过程中，我们也将深入了解多项式方程组以及它们是如何被用于参数学习的。

7.1 介绍

Karl Pearson 是统计学的杰出人物之一，他为奠定统计学基础做出了贡献，提出了革命性的新思想和方法，例如：

1）p 值，用于测量统计显著性的实际方法。

2）卡方检验，用于测量高斯分布的拟合优度。

3）Pearson 相关系数。

4）估计分布参数的矩量法。

107

5）建模子群体存在的混合模型。

最后两项是在1894年的同一项有影响力的研究中引入的，这代表着Pearson首次涉足生物统计学[120]。让我们了解一下是什么引起了Pearson对这个方向的研究兴趣。休假期间，他的同事Walter Weldon和他的妻子认真地收集了1000只那不勒斯螃蟹，并测量了每种螃蟹的23种不同的物理属性。但是数据中潜伏着一个异常，即除了一个统计数据外，其余的统计数据都是近似高斯的。那为什么它们不都是高斯的呢？

最终，Pearson给出的一个解释打消了人们的疑惑：也许那不勒斯螃蟹不是一个物种，而是两个物种。那么自然而然就将观察到的分布建模为两个高斯分布的混合模型，而不仅仅是一个。让我们对其进行更正式的表述。回想一下，均值为μ、方差为σ^2的一维高斯分布的密度函数是：

$$\mathcal{N}(\mu,\sigma^2,x)=\frac{1}{\sqrt{2\pi\sigma^2}}\exp\left\{\frac{-(x-\mu)^2}{2\sigma^2}\right\}$$

对于两个高斯分布的混合模型，函数表示为：

$$F(x)=w_1\underbrace{\mathcal{N}(\mu_1,\sigma_1^2,x)}_{F_1(x)}+(1-w_1)\underbrace{\mathcal{N}(\mu_2,\sigma_2^2,x)}_{F_2(x)}$$

我们将用F_1和F_2分别表示混合体中的两个高斯分布。你也可以从如何生成样本的角度来思考它：选择一个正反面不均匀的硬币，其正面朝上的概率为w_1，反面朝上的概率为$1-w_1$。随后为每个样本投掷硬币以确定你的样本来自哪个子群体。如果是正面朝上，则从第一个高斯分布输出一个样本，否则从第二个高斯分布输出一个样本。

这已然是一个强大而灵活的统计模型(见图 7.1)。但是 Pearson 并没有止步于此。他想找到最适合观测数据的两个高斯混合参数以检验他的假设。当只有一个高斯分布时，这很容易，因为你可以将 μ 和 σ^2 分别设置为经验均值和经验方差。但是，当有五个未知参数，且每个样本都有一个隐含变量代表其来自哪个子群体时，你应该怎么办？为了解决这个问题，Pearson 使用了矩量法，我们将在下一小节中对其进行说明。他发现的参数似乎很合适，但是仍然存在许多未解决的问题，例如：如果存在这样的参数，那么矩量法是否总能找到一个好的解决方案？

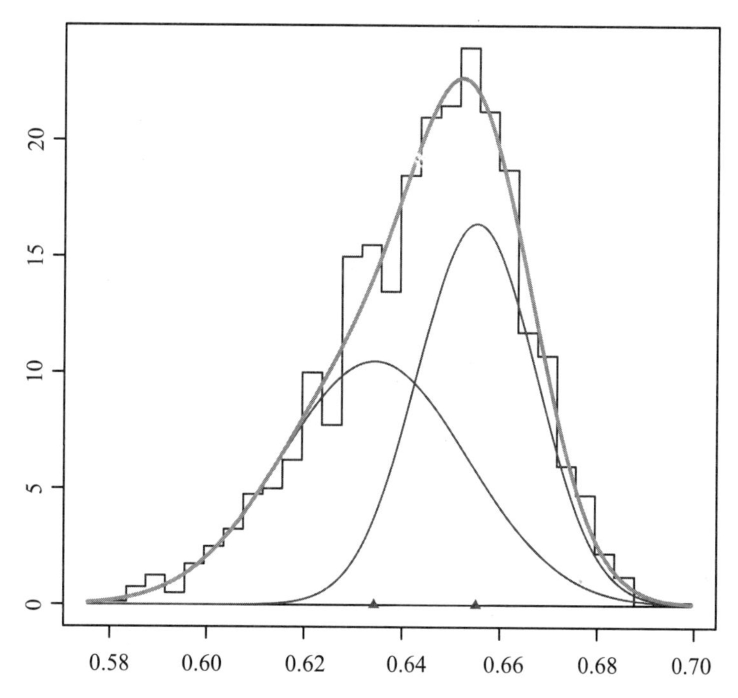

图 7.1 Peter Macdonald 使用 R 创建的基于那不勒斯螃蟹数据的两个单变量高斯分布混合体的拟合

矩量法

在这里，我们将解释 Pearson 是如何使用矩量法来寻找未知参数的。关键点在于，高斯混合矩本身就是未知参数下的多项式。让 108

我们用 M_r 表示一个高斯分布的第 r 个原始矩：

$$\mathop{\mathbb{E}}_{x \leftarrow F_1(x)}[x^r] = M_r(\mu,\sigma)$$

容易计算得到 $M_1(\mu, \sigma)=\mu$，$M_2(\mu, \sigma)=\mu^2+\sigma^2$，等等，并发现 M_r 是 μ 和 σ 的 r 次多项式。现在我们有

$$\begin{aligned}\mathop{\mathbb{E}}_{x \leftarrow F(x)}[x^r] &= w_1 M_r(\mu_1,\sigma_1) + (1-w_1)M_r(\mu_2,\sigma_2) \\ &= P_r(w_1,\mu_1,\sigma_1,\mu_2,\sigma_2)\end{aligned}$$

因此，两个高斯分布的混合体的第 r 个原始矩本身就是我们想要学习的参数中的 $r+1$ 次多项式，我们用 P_r 表示。

109

Pearson 第六矩检验　我们可以从随机样本中估计 $\mathbb{E}_{x \leftarrow F}[x^r]$。令 S 为样本集，然后我们可以计算：

$$\widetilde{M}_r = \frac{1}{|S|}\sum_{x \in S} x^r$$

给定一个样本的多项式数（对于任何 $r=O(1)$），$\widetilde{M}_r$ 将累加地接近 $\mathbb{E}_{x \leftarrow F(x)}[x^r]$。Pearson 的方法是：

- 建立多项式方程组

$$\{P_r(w_1,\mu_1,\sigma_1,\mu_2,\sigma_2) = \widetilde{M}_r\}, r = 1,2,\cdots,5$$

- 解这个方程组。每个解均包含五个参数的设置，这些参数解释了前五个经验矩。

Pearson 手工求解了上述多项式方程组，找到了许多候选解。每个解都对应一种设置所有五个未知参数的方法，从而使混合矩与经验矩相匹配。但我们如何在这些候选解中进行选择呢？有些解显然是不正确的：有些解的方差为负值，或者混合权重的值不在 0 与

1之间。但即使排除了这些解，Pearson 仍然留下了不止一个候选解。他的方法是选择预测最接近经验第六矩 $\widetilde{M}_6$ 的候选解。这称为第六矩检验。

期望最大化

最大似然估计(maximum likelihood estimator)是现代统计学中的主力，它通过设置参数使混合模型产生观测样本的概率最大化。这个估计器有很多奇妙的性质。在一定技术条件下，它是渐近有效的，这意味着，作为样本数目的函数，没有其他估计器可以获得渐近更小方差。甚至它的分布规律也可以被描述出来，并且已知它是正态分布的，其方差与所谓的费希尔信息(Fisher information)有关。不幸的是，对于我们感兴趣的大多数问题，它都是 NP-hard 的，很难计算[19]。

较为流行的替代方法是期望最大化(expectation maximization)，它是由 Dempster、Laird 和 Rubin 在一篇具有影响力的论文中提出的[61]。需要注意的是，这只是计算最大似然估计的一种启发式方法，并没有继承其任何统计保证。期望最大化是处理潜在变量的一种通用方法，在这种方法中，我们交替估计给定当前参数集的潜在变量，并更新我们的参数。在两个高斯分布的混合体的情况下，它会重复以下步骤直到收敛：

110

- 对于每一个 $x \in S$，计算后验概率：

$$\hat{w}_1(x) = \frac{\hat{w}_1 \hat{F}_1(x)}{\hat{w}_1 \hat{F}_1(x) + (1-\hat{w}_1)\hat{F}_2(x)}$$

- 更新混合权重：

$$\hat{w}_1 \leftarrow \frac{\sum_{x \in S} \hat{w}_1(x)}{|S|}$$

- 重新估计参数：

$$\hat{\mu}_i \leftarrow \frac{\sum_{x\in S}\hat{w}_i(x)x}{\sum_{x\in S}\hat{w}_i(x)}, \hat{\Sigma}_i \leftarrow \frac{\sum_{x\in S}\hat{w}_i(x)(x-\hat{\mu}_i)(x-\hat{\mu}_i)^{\mathrm{T}}}{\sum_{x\in S}\hat{w}_i(x)}$$

在实践中，它似乎运行良好。但是它可能会陷入似然函数的局部最大值中。更糟糕的是，它对初始化的方式非常敏感(参见文献[125])。

7.2 基于聚类的算法

我们的基本目标是，在给定多项式数量的随机样本的情况下，提供可证明的计算高斯混合模型的真实参数的算法。这个问题在Dasgupta的开创性论文[56]中提出，第一代算法专注于高维情况，其中成分之间的距离足够远，以至于它们基本上没有重叠。下一代算法基于代数见解，完全避免了聚类。

高斯的高维几何特性

在继续之前，我们将讨论高维高斯分布的一些反直觉特性。首先，多维高斯分布在 $\mathbb{R}^n$ 中的密度由如下公式给定：

111

$$\mathcal{N}(\boldsymbol{\mu},\boldsymbol{\Sigma}) = \frac{1}{(2\pi)^{n/2}\det(\boldsymbol{\Sigma})^{1/2}}\exp\left\{\frac{-(\boldsymbol{x}-\boldsymbol{\mu})^{\mathrm{T}}\boldsymbol{\Sigma}^{-1}(\boldsymbol{x}-\boldsymbol{\mu})}{2}\right\}$$

这里，$\boldsymbol{\Sigma}$ 是协方差矩阵。如果 $\boldsymbol{\Sigma}=\sigma^2\boldsymbol{I}_n$ 且 $\boldsymbol{\mu}=\vec{0}$，那么分布就是 $\mathcal{N}(0, \sigma^2)\times\mathcal{N}(0, \sigma^2)\times\cdots\times\mathcal{N}(0, \sigma^2)$，我们称之为球面高斯分布，因为其密度函数是旋转不变的。

事实 7.2.1　密度函数的最大值在 $x=\mu$ 处。

事实 7.2.2　对于球面高斯分布，几乎所有密度函数的权重都有

$$\|\boldsymbol{x}-\boldsymbol{\mu}\|_2^2=\sigma^2 n\pm\sigma^2\sqrt{n\log n}$$

看上去，这些事实似乎不一致。前者告诉我们一个样本最可能的值是在零处取得的。后者则告诉我们几乎所有的样本都距离零很远。这个区别在球面坐标系上是最容易理解的。密度函数的最大值在半径 $R=0$ 时取得。但在半径达到 $R=\sigma\sqrt{n}$ 前，球体表面积增加的速度要比密度函数减少的速度快得多。实际上，我们应该把高维球面高斯分布看作一个薄的球壳。

聚类随后学习范式

基于聚类的算法全部基于以下策略：

- 将所有样本 S 聚类为两个集合 S_1 和 S_2，这取决于它们是由第一成分还是第二成分生成的。
- 输出每个 S_i 的经验均值和协方差以及经验混合权重$\frac{|S_1|}{|S|}$。

我们如何实现第一步的细节，以及具体需要施加什么类型的条件，将根据不同的算法而有所不同。但是假设我们可以设计一个成功率很高的聚类算法，那么我们得到的参数将被证明是对真实参数的良好估计。这是由以下引理得到的。令 $|S|=m$ 为样本数。

引理 7.2.3　如果 $m\geqslant C\frac{\log 1/\delta}{\varepsilon^2}$并且聚类成功，则

$$|\hat{w}_1-w_1|\leqslant\varepsilon$$

成立的概率至少为 $1-\delta$。

接下来，令 $w_{\min}=\min(w_1, 1-w_1)$，那么有：

引理 7.2.4 如果 $m \geqslant C\frac{n\log 1/\delta}{w_{\min}\varepsilon^2}$并且聚类成功，则

$$\|\hat{\boldsymbol{\mu}}_i-\boldsymbol{\mu}_i\|_2\leqslant\varepsilon$$

112 对于每一个 i 成立的概率至少为 $1-\delta$。

最后，让我们证明经验协方差也很接近：

引理 7.2.5 如果 $m \geqslant C\frac{n\log 1/\delta}{w_{\min}\varepsilon^2}$并且聚类成功，则

$$\|\hat{\boldsymbol{\Sigma}}_i-\boldsymbol{\Sigma}_i\|\leqslant\varepsilon$$

对于每一个 i，概率至少为 $1-\delta$。

所有这些引理都可以通过标准集中范围来证明。前两个遵循标量随机变量的集中范围，而第三个则需要更高表述能力的矩阵集中范围。但是，通过证明 $\hat{\boldsymbol{\Sigma}}_i$ 和 $\boldsymbol{\Sigma}_i$ 的每个元素都很接近并使用联合界，可以容易地证明在这个版本中的情况更糟但多项式仍然依赖 n。从这些引理中可以看出，如果确实可以解决聚类问题，那么我们确实可以证明未知参数是可估计的。

Dasgupta[56]：$\widetilde{\Omega}(\sqrt{n})$分离

Dasgupta 给出了第一个可证明的用于学习高斯混合模型的算法，并要求$\|\boldsymbol{\mu}_i-\boldsymbol{\mu}_j\|_2\geqslant\widetilde{\Omega}(\sqrt{n}\sigma_{\max})$，其中 $\sigma_{\max}$是任意高斯分布在任意方向上的最大方差(例如，假设成分不是球形的)。请注意，分离中的常数取决于 $w_{\min}$，并且假设我们知道此参数(或其下界)。

该算法的基本思想是将混合模型样本随机均匀地投影到 $\log k$ 维上。该投影将极有可能保留每对中心 $\boldsymbol{\mu}_i$ 和 $\boldsymbol{\mu}_j$ 之间的距离，但会缩小来自同一成分的样本之间的距离，并使每个成分更接近于球形，从而使其更易于聚类。非正式地说，我们可以将这种分离条件视为：假如将每个高斯分布都视为一个球，那么若各成分之间的距离足够远，则这些球将不相交。

Arora 和 Kannan[19]以及 Dasgupta 和 Schulman[64]：$\widetilde{\Omega}(n^{1/4})$分离

我们将详细描述文献[19]中的方法。基本问题是，如果$\sqrt{n}$分离是我们可以将成分视为不相交的阈值，那么当成分更接近时我们如何学习？实际上，即使成分仅相隔 $\widetilde{\Omega}(n^{1/4})$，来自相同成分的每个样本对仍比来自不同成分的样本对更相近。为什么会这样呢？这是因为即使代表每个成分的球不再是不相交的，我们仍然不太可能从它们的重叠区域进行采样。

考虑 $\boldsymbol{x}$，$\boldsymbol{x}' \leftarrow F_1$，$\boldsymbol{y} \leftarrow F_2$。 113

声明 7.2.6 所有的向量 $\boldsymbol{x}-\boldsymbol{\mu}_1$、$\boldsymbol{x}'-\boldsymbol{\mu}_1$、$\boldsymbol{\mu}_1-\boldsymbol{\mu}_2$ 和 $\boldsymbol{y}-\boldsymbol{\mu}_2$ 几乎都是正交的(whp)。

因为向量 $\boldsymbol{x}-\boldsymbol{\mu}_1$、$\boldsymbol{x}'-\boldsymbol{\mu}_1$ 和 $\boldsymbol{y}-\boldsymbol{\mu}_2$ 在球面上是均匀的，因此这个声明成立，并且 $\boldsymbol{\mu}_1-\boldsymbol{\mu}_2$ 是唯一的固定向量。实际上，除了一个向量外，任何一组向量都均匀随机地来自一个球面且几乎都是正交的。

现在我们可以计算：

$$\begin{aligned}\|\boldsymbol{x}-\boldsymbol{x}'\|^2 &\approx \|\boldsymbol{x}-\boldsymbol{\mu}_1\|^2+\|\boldsymbol{\mu}_1-\boldsymbol{x}'\|^2\\ &\approx 2n\sigma^2 \pm 2\sigma^2\sqrt{n\log n}\end{aligned}$$

类似地：

$$\begin{aligned}\|\boldsymbol{x}-\boldsymbol{y}\|^2 &\approx \|\boldsymbol{x}-\boldsymbol{\mu}_1\|^2+\|\boldsymbol{\mu}_1-\boldsymbol{\mu}_2\|^2+\|\boldsymbol{\mu}_2-\boldsymbol{y}\|^2\\ &\approx 2n\sigma^2+\|\boldsymbol{\mu}_1-\boldsymbol{\mu}_2\|^2\pm 2\sigma^2\sqrt{n\log n}\end{aligned}$$

因此，如果 $\|\boldsymbol{\mu}_1-\boldsymbol{\mu}_2\|=\widetilde{\Omega}(n^{1/4}, \sigma)$，则 $\|\boldsymbol{\mu}_1-\boldsymbol{\mu}_2\|^2$ 大于误差项，并且来自相同成分的样本对将比来自不同成分的样本对更接近。实际上，我们可以找到正确的阈值 τ 并正确地聚类所有样本。同样，我们可以输出每个聚类的经验均值、经验协方差和相对大小，这些将是真实参数的良好估计。

Vempala 和 Wang[141]：$\widetilde{\Omega}(k^{1/4})$ 分离

Vempala 和 Wang[141]移除了对 n 的依赖，并用依赖于 k(即成分的数量)的分离条件替代。这个想法是，如果可以将混合模型投影到跨度为 $\{\boldsymbol{\mu}_1, \cdots, \boldsymbol{\mu}_k\}$ 的子空间 T 中，我们将保留每一个成分对之间的间隔，但会减小环境维度。

那么如何才能找到均值所跨越的子空间 T 呢？我们将把讨论限制在具有共同方差 $\sigma^2\boldsymbol{I}$ 的球面高斯混合模型上。令 $\boldsymbol{x}\sim F$ 为混合模型的一个随机样本，那么我们可以写出 $\boldsymbol{x}=\boldsymbol{c}+\boldsymbol{z}$，其中 $\boldsymbol{z}\sim\mathcal{N}(0, \sigma^2\boldsymbol{I}_n)$，$\boldsymbol{c}$ 是一个随机向量，对于每个 $i\in[k]$，其取值为 $\boldsymbol{\mu}_i$ 的概率为 w_i。所以：

$$\mathbb{E}[\boldsymbol{x}\boldsymbol{x}^{\mathrm{T}}]=\mathbb{E}[\boldsymbol{c}\boldsymbol{c}^{\mathrm{T}}]+\mathbb{E}[\boldsymbol{z}\boldsymbol{z}^{\mathrm{T}}]=\sum_{i=1}^{k} w_i\boldsymbol{\mu}_i\boldsymbol{\mu}_i^{\mathrm{T}}+\sigma^2\boldsymbol{I}_n$$

因此，$\mathbb{E}[\boldsymbol{x}\boldsymbol{x}^{\mathrm{T}}]$的左上角奇异向量的奇异值严格大于 σ^2，并正好跨越 T。然后，我们可以从足够多的随机样本中估计 $\mathbb{E}[\boldsymbol{x}\boldsymbol{x}^{\mathrm{T}}]$，计算其奇异值分解，将混合模型投影到 T 并调用文献[19]的算法。

114

Brubaker 和 Vempala[40]：分离超平面

如果任何成分的最大方差远大于成分之间的间隔怎么办？Brubaker 和 Vempala[40]观察到，对于像一对平行煎饼一样的混合模型，现有的算法都无法对其成功建模。在此示例中，有一个超平面将混合数据分开，因此几乎所有同种成分的数据都在一侧，而几乎所有其他成分都在另一侧。他们给出了一个成功的算法，前提是存在这样一个分离超平面。但是，对于三个或更多高斯分布混合体的情况要复杂得多。有了这三种成分，可以很容易构造出我们希望学习的混合模型，但其中没有超平面能将一个成分与其他成分分开。

7.3 密度估计的讨论

到目前为止，我们讨论的算法都依赖于聚类。但是在某些情况下，这种策略就行不通了，因为聚类在理论上是不可能的。更准确地说，我们将证明，如果 $d_{TV}(F_1, F_2)=1/2$，那么我们很快就会遇到一个样本，即使我们知道真实的参数，也无法确定是哪个成分生成了它。

让我们通过耦合的概念将其形式化：

定义 7.3.1 *F 和 G 之间的耦合是 $(\boldsymbol{x}, \boldsymbol{y})$ 对上的分布，因此 $\boldsymbol{x}$ 上的边缘分布为 F，$\boldsymbol{y}$ 上的边缘分布为 G。误差是 $\boldsymbol{x}\neq\boldsymbol{y}$ 的概率。*

那么，最佳的耦合误差是什么？不难看出它恰好是总的变化距离：

声明 7.3.2 *当且仅当 $d_{TV}(F, G)\leqslant\varepsilon$ 时，F 和 G 之间存在耦*

合误差 ε。

实际上，这是考虑总变化距离的好方法。从操作上说，总变化距离的上界告诉我们存在最佳耦合。类似地，你可以将 KL 散度解释为当你使用一种分布的最佳编码对来自另一种分布的样本进行优化编码时所要付出的代价(就预期编码长度而言)。

回到对两个高斯分布的混合体的样本进行聚类的问题，假设我115们有 $d_{TV}(F_1, F_2)=1/2$，并且

$$F(\boldsymbol{x})+1/2F_1(\boldsymbol{x})+1/2F_2(\boldsymbol{x})$$

使用以上声明，我们知道 F_1 和 F_2 之间存在符合概率 1/2 的耦合。因此，我们不需要考虑按常用方式从两个高斯分布混合体中进行采样(选择成分，然后从中选择一个随机样本)，而是可以按照如下方式采样：

1) 从 F_1 和 F_2 之间的最佳耦合中选择($\boldsymbol{x}$, $\boldsymbol{y}$)。
2) 如果 $\boldsymbol{x}=\boldsymbol{y}$，则以 1/2 的概率输出 $\boldsymbol{x}$，以 1/2 的概率输出 $\boldsymbol{y}$。
3) 否则以 1/2 的概率输出 $\boldsymbol{x}$，以 1/2 的概率输出 $\boldsymbol{y}$。

像之前一样，该过程从 F 中生成随机样本。重要的是，如果你执行第二步，它的输出值并不依赖于样本来自哪个成分。因此，你再怎么预测也不如随机猜测。这是考虑基于聚类算法假设的有效方法。一些样本比其他样本更强大，但需要抽取至少 n 个样本并将它们正确聚类。为了做到这一点，我们必须有

$$d_{TV}(F_1,F_2)\geqslant 1-1/n$$

但是谁说算法学习时必须先聚类呢？我们能否希望即使在成分几乎完全重叠(例如 $d_{TV}(F_1, F_2)=1/n$)时，也能学习到这些参数？

现在是讨论我们的目标类型以及它们如何相互关联的好时机。

（1）不当的密度估计

这是最弱的学习目标。如果给定从某个 $\mathcal{C}$ 类（例如，$\mathcal{C}$ 可能是所有的两个高斯分布的混合体）的某个分布 F 中得到的样本，那么我们希望找到满足 $d_{TV}(F, \hat{F}) \leqslant \varepsilon$ 条件的任何其他分布 $\hat{F}$。我们也不要求 $\hat{F}$ 属于类 $\mathcal{C}$。关于不当的密度估计，要知道的最重要一点是，在一维中这很容易。只要 F 是平滑的，就可以使用核密度估计来解决。

核密度估计的工作原理如下。首先，你要抽取许多样本，并构建经验点质量分布 G。现在，G 不接近 F。它甚至都不平滑，那么它会是怎样的呢？但是你可以用一个方差较小的高斯卷积来解决此问题。特别地，如果设 $\hat{F} = G * \mathcal{N}(0, \sigma^2)$ 并适当选择参数和样本数，则得到的结果将很可能满足 $d_{TV}(F, \hat{F}) \leqslant \varepsilon$。该方案对分布 F 的使用不多，但它在高维上付出了代价。问题是你只是不能得到足够多彼此接近的样本。一般来说，核密度估计需要样本数的维数是指数级才行。 116

（2）正确的密度估计

正确的密度估计是相同的，但是更强一点，因为它需要 $\hat{F} \in \mathcal{C}$。有时，你可以通过将 $\hat{F}$ 限制在包含 $\mathcal{C}$ 的较大类中，来实现在不当的密度估计和正确的密度估计之间进行插值。还值得注意的是，有时你只需采用核密度估计或其他解决不当密度估计问题的方法，然后寻找最接近不当估计的 $\hat{F} \in \mathcal{C}$。这肯定行得通，但麻烦的是，从算法上看，通常不清楚如何在某个类中找到与其他复杂的目标分布最接近的分布。最终，我们达到了最强的目标类型，即参数学习。

（3）参数学习

在这里，我们不仅要求 $d_{TV}(F, \hat{F}) \leqslant \varepsilon$ 和 $\hat{F} \in \mathcal{C}$，而且希望 $\hat{F}$ 能在逐个成分的基上，对 $\boldsymbol{F}$ 进行良好的估计。例如，我们专门研究

的两种高斯分布的混合模型的目标是：

定义 7.3.3　如果存在一个置换 π：$\{1,2\}\to\{1,2\}$使得对于所有 $i\in\{1,2\}$ 有

$$|w_i-\hat{w}_{\pi(i)}|, d_{TV}(F_i,\hat{F}_{\pi(i)})\leqslant\varepsilon$$

则混合模型 $\hat{F}=\hat{w}_1\hat{F}_1+\hat{w}_2\hat{F}_2$ 与 F 是 ε-相近的(在逐个成分的基上)。

请注意，F 和 $\hat{F}$ 作为混合模型也一定是接近的：$d_{TV}(F,\hat{F})\leqslant 4\varepsilon$。但是，我们可以得到混合模型 F 和 $\hat{F}$，它们都是 k 个高斯分布的混合模型，又在分布上很接近，但在逐个成分的基上并不接近。那么，为什么我们要瞄准这样一个具有挑战性的目标呢？事实证明，如果 $\hat{F}$ 与 F 是 ε-相近的，那么给定一个典型样本，我们可以精确地评估后验概率[94]。这意味着，即使你无法将所有样本聚类为它们来自哪个成分，你仍然可以弄清楚哪些样本是确信的。这是参数学习相对于一些较弱的学习目标的主要优势之一。

实现你所希望的最强的学习目标类型是好的，但你还应该记住，这些强学习目标(例如，参数学习)的下界并不意味着较弱的问题(例如，正确的密度估计)的下界。我们将给出学习 k 个高斯分布的混合模型参数的算法，对于任何 $k=O(1)$，这些算法在多项式时间内运行，但对 k 呈指数依赖。这是必要的，因为存在 k 个高斯分布的混合模型对 F 和 $\hat{F}$ 在逐个成分的基上不接近，但 $d_{TV}(F,\hat{F})\leqslant 2^{-k}$[114]。因此，任何参数学习算法都能够将它们区分开来，但这至少需要 2^k 个样本，同样也是通过一个耦合参数。但是也许对于正确的密度估计，可以得到一个所有参数都是多项式的算法。

117

问题 1(开放)　是否存在一种 poly$(n,k,1/\varepsilon)$时间算法，可以对 n 维中 k 个高斯分布的混合模型进行正确的密度估计？在一维情况下也存在吗？

7.4 无聚类算法

我们的目标是学习 F 的 ε-相近$\hat{F}$。首先将定义推广到 k 个高斯分布的混合模型：

定义 7.4.1 如果存在一个置换 π：$\{1,2,\cdots,k\}\rightarrow\{1,2,\cdots,k\}$使得对于所有 $i\in\{1,2,\cdots,k\}$有

$$|w_i-\hat{w}_{\pi}(i)|, d_{TV}(F_i,\hat{F}_{\pi(i)})\leqslant\varepsilon$$

则混合分布 $\hat{F}=\sum_{i=1}^{k}\hat{w}_i\hat{F}_i$ 与 F 是 ε-相近的(在逐个成分的基上)。

我们什么时候可以希望在 poly(n, $1/\varepsilon$)样本中学习 ε 相近估计？有两种情况是不可能的。最终，我们的算法将证明这些是唯一出错的地方：

1)如果 $w_i=0$，我们将永远也学不到接近 F_i 的 $\hat{F}_i$，因为我们永远不会从 F_i 中获得任何样本。

实际上，我们需要为每个 w_i 设置定量下界，例如 $w_i\geqslant\varepsilon$，因此，如果我们抽取合理数量的样本，则将从每个成分中至少获取一个样本。

2)如果 $d_{TV}(F_i,F_j)=0$，我们将永远无法学习 w_i 或者 w_j，因为 F_i 和 F_j 完全重叠。

同样，对于每个 $i\neq j$，我们给定 $d_{TV}(F_i,F_j)$的定量下界，即 $d_{TV}(F_i,F_j)\geqslant\varepsilon$，这样，如果抽取合理数量的样本，我们将从各个成分对之间的非重叠区域获得至少一个样本。

定理 7.4.2[94,114]　如果对于每个 i 有 $w_i \geqslant \varepsilon$，并且对于每个 $i \neq j$ 有 $d_{TV}(F_i, F_j) \geqslant \varepsilon$，那么存在一种高效的算法可以学习 F 的 ε-相近估计 $\hat{F}$，其运行时间和样本复杂度都是 $\text{poly}(n, 1/\varepsilon, \log 1/\delta)$，并且成功的概率为 $1-\delta$。

118

注意，多项式的次数取决于 k。Kalai、Moitra 和 Valiant[94] 给出了第一种用于学习两个没有分离条件的高斯分布的混合模型的算法。随后 Moitra 和 Valiant[114] 给出了 k 个高斯分布的混合模型的算法，同样没有分离条件。

在独立和并行的工作中，Belkin 和 Sinha[28] 也给出了 k 个高斯分布的混合模型的多项式时间算法。但是，没有给出运行时间作为 k 的函数的明确界限(因为它们的工作取决于希尔伯特基本定理，而希尔伯特基本定理基本上是无效的)。同样，文献[94]和文献[114]的目标是学习 $\hat{F}$，使其成分的总变化距离与 F 的总变化距离接近，这通常是一个比要求参数累加接近更强的目标，也就是文献[28]中的目标。好处是文献[28]中的算法适用于一维设置中更一般的学习问题，我们将在本章末尾解释其算法思想。

在本节中，我们将重点讨论 $k=2$ 的情况，因为该算法在概念上要简单得多。实际上，我们将瞄准一个较弱的学习目标：对于所有的 i，如果 $|w_i - \hat{w}_{\pi(i)}|$，$\|\boldsymbol{\mu}_i - \hat{\boldsymbol{\mu}}_{\pi(i)}\|$，$\|\boldsymbol{\Sigma}_i - \hat{\boldsymbol{\Sigma}}_{\pi(i)}\|_F \leqslant \varepsilon$，那么我们可以说 $\hat{F}$ 和 F 是累加地 ε-相近的。我们想找到这样的 $\hat{F}$。事实证明，我们可以假定 F 在以下意义上被规范化：

定义 7.4.3　一个分布 F 处于各向同性位置，如果

1) $\mathbb{E}_{\boldsymbol{x} \leftarrow F}[\boldsymbol{x}] = 0$
2) $\mathbb{E}_{\boldsymbol{x} \leftarrow F}[\boldsymbol{x}\boldsymbol{x}^{\mathrm{T}}] = \boldsymbol{I}$

第二个条件意味着每个方向的方差都是 1。实际上，只要没有

方差为零的方向，就很容易将分布置于各向同性位置。更确切地说：

声明 7.4.4 如果 $\mathbb{E}_{x \leftarrow F}[\boldsymbol{x}\boldsymbol{x}^{\mathrm{T}}]$是满秩的，则存在仿射变换，使 F 处于各向同性位置。

证明：令 $\boldsymbol{\mu}=E_{x \leftarrow F}[\boldsymbol{x}]$，那么

$$E_{x \leftarrow F}[(\boldsymbol{x}-\boldsymbol{\mu})(\boldsymbol{x}-\boldsymbol{\mu})^{\mathrm{T}}]=\boldsymbol{M}=\boldsymbol{B}\boldsymbol{B}^{\mathrm{T}}$$

由此可知，因为 $\boldsymbol{M}$ 为半正定矩阵，因此具有 Cholesky 分解。根据假设，$\boldsymbol{M}$ 满秩，因此 $\boldsymbol{B}$ 也满秩。现在如果我们令

$$\boldsymbol{y}=\boldsymbol{B}^{-1}(\boldsymbol{x}-\boldsymbol{\mu})$$

很容易看出 $\mathbb{E}[\boldsymbol{y}]=0$ 和 $\mathbb{E}[\boldsymbol{y}\boldsymbol{y}^{\mathrm{T}}]=\boldsymbol{B}^{-1}\boldsymbol{M}(\boldsymbol{B}^{-1})^{\mathrm{T}}=\boldsymbol{I}$ 成立。 ■ 119

我们的目标是学习 F 的累加 ε 近似，并假设 F 已经被预处理，使其处于各向同性位置。

概述

现在，我们可以描述一下算法的基本轮廓，尽管有很多细节需要填充：

1）考虑一系列投影到一维的映射。
2）运行单变量学习算法。
3）建立有关高维参数的线性方程组并进行反解。

各向同性投影引理

我们需要克服一些障碍才能实现这一计划，但让我们仔细研究

一下概述的细节。首先理解一下，当我们沿某个方向 $\boldsymbol{r}$ 投影高斯参数时会发生什么：

声明 7.4.5　$\text{proj}_{\boldsymbol{r}}[\mathcal{N}(\boldsymbol{\mu}, \boldsymbol{\Sigma})]=\mathcal{N}(\boldsymbol{r}^{\mathrm{T}}\boldsymbol{\mu}, \boldsymbol{r}^{\mathrm{T}}\boldsymbol{\Sigma}\boldsymbol{r})$

这个简单的声明已经告诉了我们一些重要的事情：假设我们想学习一个高维高斯分布的参数 $\boldsymbol{\mu}$ 和 $\boldsymbol{\Sigma}$。如果我们将其投影到方向 $\boldsymbol{r}$ 上，并学习产生的一维高斯分布的参数，那么我们真正学到的是对 $\boldsymbol{\mu}$ 和 $\boldsymbol{\Sigma}$ 的线性约束。如果我们在许多不同的方向 $\boldsymbol{r}$ 上进行多次操作，就有希望得到足够多的对 $\boldsymbol{\mu}$ 和 $\boldsymbol{\Sigma}$ 的线性约束，并且可以简单地求解它们。此外，由于存在许多 $\boldsymbol{\Sigma}$ 的参数，我们自然希望仅需要大约 n^2 个方向。但是现在我们遇到了第一个需要想办法解决的问题。首先介绍一些符号：

定义 7.4.6　$d_p(\mathcal{N}(\boldsymbol{\mu}_1, \sigma_1^2), \mathcal{N}(\boldsymbol{\mu}_2, \sigma_2^2))=|\boldsymbol{\mu}_1-\boldsymbol{\mu}_2|+|\sigma_1^2-\sigma_2^2|$

我们将其称为参数距离。最终，我们将给出学习高斯混合模型的单变量算法，并且希望在 $\text{proj}_{\boldsymbol{r}}[F]$上运行。

问题 2　但如果 $d_p(\text{proj}_{\boldsymbol{r}}[F_1], \text{proj}_{\boldsymbol{r}}[F_2])$是指数级小的呢？

这将成为一个问题，因为我们需要以指数级精确度运行单变量算法，只是为了看到有两个成分而不是一个！如何才能绕过这个问题呢？我们将证明，当 F 处于各向同性位置时，基本上不会出现此问题。出于直觉，请考虑以下两种情况：

1)假设$\|\boldsymbol{\mu}_1-\boldsymbol{\mu}_2\|\geqslant\text{poly}(1/n, \varepsilon)$。

你可以认为这种情况只是说明$\|\boldsymbol{\mu}_1-\boldsymbol{\mu}_2\|$不是指数级小的。在任何情况下，我们都知道将向量投影到随机方向上，通常会使它的范数减少到原来的$\sqrt{n}$分之 1，并且向量的投影长度集中在该值附近。这告诉我们，在大部分情况下，$\|\boldsymbol{r}^{\mathrm{T}}\boldsymbol{\mu}_1, \boldsymbol{r}^{\mathrm{T}}\boldsymbol{\mu}_2\|$至少也是 $\text{poly}(1/n, \varepsilon)$。因此，$\text{proj}_{\boldsymbol{r}}[F_1]$和 $\text{proj}_{\boldsymbol{r}}[F_2]$仅由于其均值的不同而具有明显不同

120

的参数。

2)否则，$\|\boldsymbol{\mu}_1-\boldsymbol{\mu}_2\|\leqslant \text{poly}(1/n,\varepsilon)$。

关键思想是，如果 $d_{TV}(F_1,F_2)\geqslant\varepsilon$ 并且它们的均值呈指数接近，那么它们的协方差 $\boldsymbol{\Sigma}_1$ 和 $\boldsymbol{\Sigma}_2$ 在随机方向 $\boldsymbol{r}$ 上投影时一定会有显著不同。在这种情况下，$\text{proj}_{\boldsymbol{r}}[F_1]$和 $\text{proj}_{\boldsymbol{r}}[F_2]$会因它们的方差不同而有明显不同的参数。这是以下引理背后的直觉：

引理 7.4.7 如果 F 处于各向同性位置并且 $w_i\geqslant\varepsilon$ 和 $d_{TV}(F_1,F_2)\geqslant\varepsilon$，则很有可能随机均匀地选择方向 $\boldsymbol{r}$：

$$d_p(\text{proj}_{\boldsymbol{r}}[F_1],\text{proj}_{\boldsymbol{r}}[F_2])\geqslant\varepsilon_3=\text{ploy}\left(\frac{1}{n},\varepsilon\right)$$

当 F 不在各向同性位置时(例如，考虑到平行煎饼的例子)，这个引理是错误的！当推广到 $k>2$ 个高斯分布的混合模型时，即使该混合模型处于各向同性位置，它也将失败。问题在于，在一些示例中，几乎在所有方向上投影 $\boldsymbol{r}$ 都会导致混合模型中的成分严格减少！(文献[114]中的方法是学习较少高斯分布的混合模型作为真实混合模型的代表，然后找到可用于分离出已合并的成对成分的方向。)

配对引理

接下来，我们将遇到第二个问题：假设我们投影到方向 $\boldsymbol{r}$ 和 $\boldsymbol{s}$ 上，分别学习 $\hat{F}^{\boldsymbol{r}}=\frac{1}{2}\hat{F}_1^{\boldsymbol{r}}+\frac{1}{2}\hat{F}_2^{\boldsymbol{r}}$ 和 $\hat{F}^{\boldsymbol{s}}=\frac{1}{2}\hat{F}_1^{\boldsymbol{s}}+\frac{1}{2}\hat{F}_2^{\boldsymbol{s}}$。然后，$\hat{F}_1^{\boldsymbol{r}}$ 的均值和方差对两个高维高斯分布之一产生线性约束，对 $\hat{F}_1^{\boldsymbol{s}}$ 也是如此。

问题 3 我们如何知道它们是对相同的高维成分产生约束?

最终，我们想建立一个线性约束方程组来求解 F_1 的参数，但

121 是当 F 投影到不同的方向(例如 $\boldsymbol{r}$ 和 $\boldsymbol{s}$)上时，就需要把这两个方向上的成分配对。关键的观察结果是：随着从 $\boldsymbol{r}$ 到 $\boldsymbol{s}$ 的变化，混合模型的参数也在不断变化(参见图 7.2)。因此，当我们投影到 $\boldsymbol{r}$ 时，从各向同性投影引理可以知道，这两个成分将具有明显不同的均值或方差。假设它们的均值相差 ε_3，那么如果 $\boldsymbol{r}$ 和 $\boldsymbol{s}$ 很接近(与 ε_1 相比)，则混合模型中每个成分的参数变化不大，并且 $\text{proj}_{\boldsymbol{r}}[F]$ 中具有较大均值的成分将与 $\text{proj}_{\boldsymbol{s}}[F]$ 中具有较大均值的相同成分对应。当方差至少相差 ε_3 时，也有类似的说法。

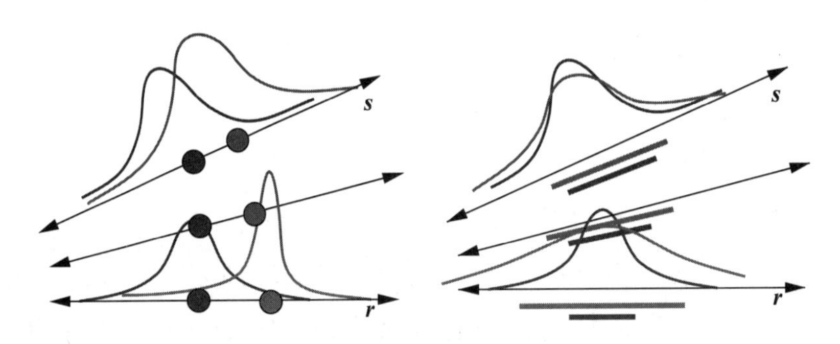

图 7.2　当我们从 $\boldsymbol{r}$ 扫到 $\boldsymbol{s}$ 时，预测的平均值和预测的方差不断变化

引理 7.4.8　如果 $\|\boldsymbol{r}-\boldsymbol{s}\|\leqslant\varepsilon_2=\text{poly}(1/n,\ \varepsilon_3)$，那么

1)若 $|\boldsymbol{r}^{\mathrm{T}}\boldsymbol{\mu}_1-\boldsymbol{r}^{\mathrm{T}}\boldsymbol{\mu}_2|\geqslant\varepsilon_3$，则 $\text{proj}_{\boldsymbol{r}}[F]$ 和 $\text{proj}_{\boldsymbol{s}}[F]$ 中均值较大的成分对应于相同的高维成分。

2)否则，若 $|\boldsymbol{r}^{\mathrm{T}}\boldsymbol{\Sigma}_1\boldsymbol{r}-\boldsymbol{r}^{\mathrm{T}}\boldsymbol{\Sigma}_2\boldsymbol{r}|\geqslant\varepsilon_3$，则 $\text{proj}_{\boldsymbol{r}}[F]$ 和 $\text{proj}_{\boldsymbol{s}}[F]$ 中方差较大的成分对应于相同的高维成分。

因此，如果随机选择 $\boldsymbol{r}$，并且只在 $\boldsymbol{s}$ 方向上搜索 $\|\boldsymbol{r}-\boldsymbol{s}\|\leqslant\varepsilon_2$，那么我们就能在不同的一维混合模型中正确地配对成分。

条件数引理

现在我们遇到了高维情况下的最后一个问题：假设随机选择 $\boldsymbol{r}$，

122 对于 $\boldsymbol{s}_1,\boldsymbol{s}_2,\cdots,\boldsymbol{s}_p$，我们学习了 F 在这些方向上的投影参数，并正确

地对这些成分进行了配对。我们只能希望学习这些投影上的参数直到达到一定的累计准确度 ε_1（且我们的单变量学习算法运行时间和样本复杂度为 $\mathrm{poly}(1/\varepsilon_1)$）。

问题 4 单变量估计中的这些误差如何转化为高维估计中 $\boldsymbol{\mu}_1$、$\boldsymbol{\Sigma}_1$、$\boldsymbol{\mu}_2$、$\boldsymbol{\Sigma}_2$ 的误差？

回想一下，条件数控制着这一点。在高维情况下，我们需要的最后一个引理是：

引理 7.4.9 求解 $\boldsymbol{\mu}_1$、$\boldsymbol{\Sigma}_1$ 的线性方程组的条件数是 $\mathrm{poly}(1/\varepsilon_2, n)$，其中所有方向对都相隔 ε_2。

直观地讲，随着 $\boldsymbol{r}$ 和 $\boldsymbol{s}_1, \boldsymbol{s}_2, \cdots, \boldsymbol{s}_p$ 的靠近，方程组的条件数会越来越差（因为线性约束趋向冗余），但是关键的事实是，条件数是由 $1/\varepsilon_2$ 和 n 的固定的多项式所约束的，因此，如果选择 $\varepsilon_1 = \mathrm{poly}(\varepsilon_2, n)\varepsilon$，那么我们对高维参数的估计将在累加的 ε 内。请注意，每个参数 ε、ε_3、ε_2、ε_1 都是前面参数（和 $1/n$）的固定多项式，因此，我们只需对多项式数量的混合模型上运行具有逆多项式精度的单变量学习算法，即可学习到一个 ε-相近估计 $\hat{F}$！

但是我们仍然需要设计一个单变量算法，接下来我们回到 Pearson 的原始问题！

7.5 单变量算法

在这里，我们将给出一种单变量算法，用于学习两个高斯混合的参数，直至累计准确度 ε，其运行时间和样本复杂度为 $\mathrm{poly}(1/\varepsilon)$。我们观察到的第一个结果是所有参数都是有界的：

声明 7.5.1 令 $F = w_1F_1 + w_2F_2$ 是处于各向同性位置的两个高

斯分布的混合模型。假设 $w_1, w_2 \geqslant \varepsilon$。那么

1) $\mu_1, \mu_2 \in [-1/\sqrt{\varepsilon}, 1/\sqrt{\varepsilon}]$

2) $\sigma_1^2, \sigma_2^2 \in [0, 1/\varepsilon]$

这个想法是，如果违反任何一个条件，就意味着混合模型的方差严格大于 1。一旦我们知道参数是有界的，自然会选择尝试网格搜索方法：

123

网格搜索

输入： $F(\Theta)$ 中的样本

输出： 参数 $\hat{\Theta}=(\hat{w}_1, \hat{\mu}_1, \hat{\sigma}_1^2, \hat{\mu}_2, \hat{\sigma}_2^2)$

对所有有效的 $\hat{\Theta}$，其中的参数是 ε^C 的倍数

　　用样本测试 $\hat{\Theta}$，如果通过则输出 $\hat{\Theta}$

结束

我们可以采用多种方法来测试我们的估计参数和模型真实参数的接近程度。例如，我们可以根据经验从样本中估计 $F(\Theta)$ 的前六个矩，如果前六个矩分别在经验矩的某个累计松弛 τ 内，则传递 $\hat{\Theta}$。(这实际上是 Pearson 第六矩检验的一个变种。)不难看出，如果我们取足够的样本并适当地设置 τ，并将真实参数 Θ 四舍五入到参数为 ε^C 的倍数的任何有效网格点，则最终得到的 $\hat{\Theta}$ 将很可能通过我们的检验。这就是所谓的完整性。更具挑战性的部分是建立稳健性。毕竟，为什么除了接近 Θ 的参数外，没有其他参数集 $\hat{\Theta}$ 通过我们的检验呢？

另外，我们想证明参数在累加 ε 中不匹配的任何两个混合模型 F 和 $\hat{F}$ 的前六个矩中一定有一个明显不同。主要引理是：

引理 7.5.2（六矩满足） 对于参数中不为 ε-相近的任何 F 和 $\hat{F}$，存在一个 $r\in\{1,2,\cdots,6\}$，其中

$$|M_r(\Theta)-M_r(\hat{\Theta})|\geqslant \varepsilon^{O(1)}$$

式中，Θ 和$\hat{\Theta}$分别为 F 和 $\hat{F}$ 的参数，且 M_r 是第 r 个原始矩。

令 $\widetilde{M}_r$ 为经验矩，那么

$$|M_r(\hat{\Theta})-M_r(\Theta)|\leqslant \underbrace{|\widetilde{M}_r(\hat{\Theta})-\widetilde{M}_r|}_{\leqslant\tau}+\underbrace{|\widetilde{M}_r-\widetilde{M}_r(\Theta)|}_{\leqslant\tau}\leqslant 2\tau$$

其中第一项由于通过检验而至多为 τ，而第二项较小，因为我们可以获取足够的样本(但仍为 poly(1，τ))，所以经验矩和真实矩接近。因此，我们可以反过来应用上述引理，并得出结论：如果网格搜索输出为$\hat{\Theta}$，则 Θ 和 $\hat{\Theta}$ 的参数必须为 ε-相近，这为我们提供了一种有效的单变量算法！ 124

因此我们的主要目标是证明：如果 F 和 $\hat{F}$ 不是 ε-相近似的，则它们的前六个矩中有一个明显不同。实际上，即使 $\varepsilon=0$ 的情况也是具有挑战性的：如果 F 和 $\hat{F}$ 是两个高斯分布的不同混合模型，为什么它们的前六个矩中有一个一定是不同的？我们的目的是利用热方程来证明这一说法。

实际上，让我们考虑以下思想实验。令 $f(x)=F(x)-\hat{F}(x)$ 为密度函数 F 和 $\hat{F}$ 之间的点对差。那么问题的核心是：我们能否证明 $f(x)$最多与 x 轴交叉六次(参见图 7.3)？

引理 7.5.3 如果 $f(x)$最多与 x 轴交叉六次，则 F 和 $\hat{F}$ 的前六个矩中有一个是不同的。

证明：实际上，我们最多可以构造一个与 $f(x)$有一致符号且(非零)次数最多为六的多项式 $p(x)$，即对于所有 x 而言，$p(x)f(x)\geqslant 0$。那么

$$0<\left|\int_x p(x)f(x)\mathrm{d}x\right|=\left|\int_x \sum_{r=1}^{6} p_r x^r f(x)\mathrm{d}x\right|$$
$$\leqslant \sum_{r=1}^{6}|p_r|\left|M_r(\Theta)-M_r(\hat{\Theta})\right|$$

而如果 F 和 $\hat{F}$ 的前六个矩完全匹配，则右侧为零，这是一个矛盾。■

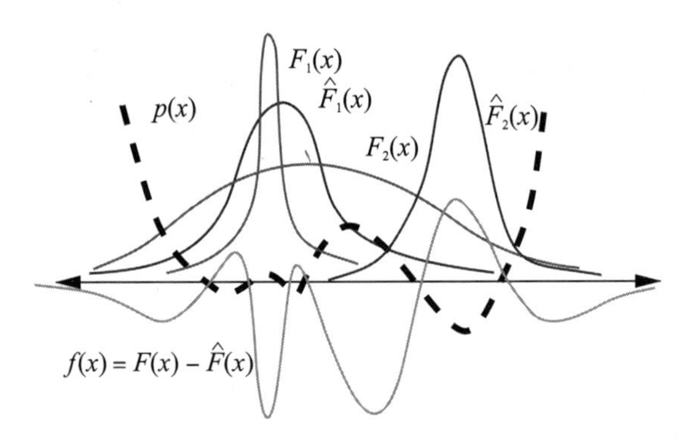

图 7.3　如果 $f(x)$最多有六个零交叉点，我们就可以找到一个次数最多为六并与其符号一致的多项式

因此，我们只需要证明 $F(x)-\hat{F}(x)$最多具有六个零交叉点即可。让我们通过归纳法证明下面更强的引理：

125

引理 7.5.4　令 $f(x)=\sum_{i=1}^{k}\alpha_i\mathcal{N}(\mu_i,\sigma_i^2,x)$ 是 k 个高斯分布的线性组合(α_i 可以为负)。那么如果 $f(x)$不等于零，则 $f(x)$有最多 $2k-2$ 个零交叉点。

我们将依赖下列工具：

定理 7.5.5　给定 $f(x)$：$\mathbb{R}\to\mathbb{R}$ 是可分析的且有 n 个零交叉点，那么对于任何 $\sigma^2>0$，函数 $g(x)=f(x)*\mathcal{N}(0, \sigma^2)$最多有 n 个零交叉点。

该定理具有物理解释。如果我们将 $f(x)$看作无限一维杆的热分布，那么之后的热分布是什么样的？实际上，选择适当的 σ^2 可以恰好使 $g(x)=f(x)*\mathcal{N}(0,\sigma^2)$。或者说，高斯分布是热方程的格林函数。因此，我们对扩散的许多物理直觉都会对卷积产生影响——通过高斯分布对函数进行卷积会使其平滑化，并且无法创建新的局部极大值(并且也无法创建新的零交叉点)。

最后，我们回顾一下基本事实：

事实 7.5.6　$\mathcal{N}(0,\sigma_1^2)*\mathcal{N}(0,\sigma_2^2)=\mathcal{N}(0,\sigma_1^2+\sigma_2^2)$

现在，我们准备证明上述引理，并得出结论。如果确切地知道两个高斯分布的混合模型的前六个矩，那么我们也将确切知道它的参数。让我们通过归纳法证明上述引理，并假设对于 $k=3$ 个高斯分布的任何线性组合，零交叉点的数量最多为四个。现在考虑四个高斯分布的任意线性组合，并令 σ^2 为任何成分的最小方差(参见图 7.4a)。我们可以考虑一种相关的混合模型，其中我们从每个成分的方差中减去 σ^2(参见图 7.4b)。

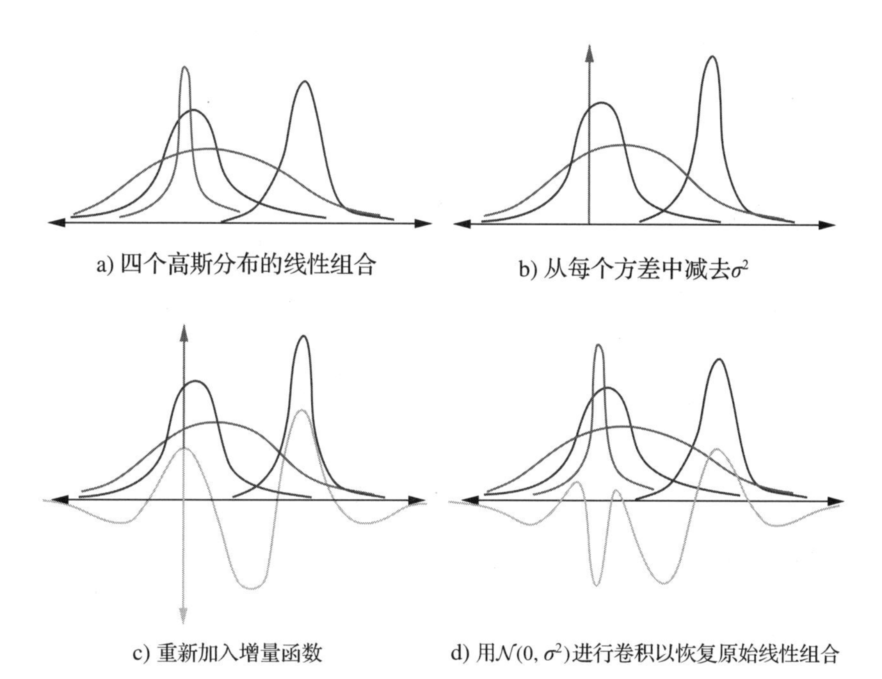

a) 四个高斯分布的线性组合　b) 从每个方差中减去 σ^2

c) 重新加入增量函数　d) 用 $\mathcal{N}(0,\sigma^2)$ 进行卷积以恢复原始线性组合

图 7.4

现在，如果忽略增量函数，我们将有三个高斯分布的线性组合，通过归纳，我们知道它最多有四个零交叉点。但是，当我们将增量函数加回去时，我们又可以添加多少个零交叉点呢？答案是最多两个，一个在上升方向，一个在下降方向(在这里，为了方便演示，我们忽略了一些实际分析中对增量函数的复杂处理，参见图 7.4c)。现在我们可以通过 $\mathcal{N}(0,\sigma^2)$ 对函数进行卷积，以恢复四个高斯分布的原始线性组合，但是最后一步不会增加零交叉的数量(参见图 7.4d)。

这证明了

126

$$\left\{M_r(\hat{\Theta}) = M_r(\Theta)\right\},\ r = 1,2,\cdots,6$$

只有两个解决方案(真正的参数，我们还可以互换成分)。实际上，该多项式方程组也是稳定的，并且多项式方程组的条件数类似于我们刚刚证明的一个定量形式：如果 F 和 $\hat{F}$ 不是 ε-相近的，则它们的前六个矩中有一个明显不同。这就有了我们的单变量算法。

7.6 代数几何视图

在这里，我们将介绍 Belkin 和 Sinha[28] 的另一种单变量学习算法，该算法也利用了矩量法，但通过使用代数几何工具给出了更一般的分析。

多项式族

127

我们将分析以下几类分布的矩量法：

定义 7.6.1 分布类 $F(\Theta)$ 被称为多项式族，如果

$$\forall r, \mathbb{E}_{X \in F(\Theta)}[X^r] = M_r(\Theta)$$

其中 $M_r(\Theta)$是 $\Theta=(\theta_1, \theta_2, \cdots, \theta_k)$的多项式。

此定义涵盖了广泛的分布类别，例如那些成分为均匀分布、指数分布、泊松分布、高斯分布或 Gamma 函数的混合模型。我们将需要另一个关于分布的(驯服的)条件，以确保其被它所有的矩所刻画。

定义 7.6.2 随机变量 X 的矩生成函数(mgf)定义为

$$f(t) = \sum_{n=0}^{\infty} \mathbb{E}[X^n] \frac{t^n}{n!}$$

事实 7.6.3 如果 X 的矩生成函数在零的附近收敛，则它可以唯一确定概率分布，即

$$\forall r, M_r(\Theta) = M_r(\hat{\Theta}) \Longrightarrow F(\Theta) = F(\hat{\Theta})$$

我们的目标是证明对于任何一个多项式族，其有限数量的矩就足够了。首先介绍相关的定义：

定义 7.6.4 给定一个环 R，由 $g_1, g_2, \cdots, g_n \in R$ 生成的理想的 $I=\langle g_1, g_2, \cdots, g_n\rangle$，定义为

$$I = \left\{ \sum_i r_i g_i \quad \text{其中 } r_i \in R \right\}$$

定义 7.6.5 诺特环(Noetherian ring)是对于任何理想序列

$$I_1 \subseteq I_2 \subseteq I_3 \subseteq \cdots$$

有 N 使得 $I_N = I_{N+1} = I_{N+2} = \cdots$的环。

定理 7.6.6(希尔伯特基本定理)　如果 R 是诺特环，则 $R[X]$

也是诺特环。

很容易看出 $\mathbb{R}$ 是一个诺特环，因此可以知道 $\mathbb{R}[X]$也是诺特环。现在我们可以证明，对于任何多项式族，仅需有限的矩就可以唯一地标识该族中的任何分布：

128

定理 7.6.7 令 $F(\Theta)$为多项式族。如果矩生成函数在零附近收敛，则存在 N 使得

$$F(\Theta) = F(\hat{\Theta}) \text{ 当且仅当 } M_r(\Theta) = M_r(\hat{\Theta}) \ \forall\, r \in 1,2,\cdots,N$$

证明：令 $Q_r(\Theta,\ \hat{\Theta}) = M_r(\Theta) - M_r(\hat{\Theta})$。令 $I_1 = \langle Q_1 \rangle$，$I_2 = \langle Q_1,\ Q_2 \rangle$，…。这是我们在 $\mathbb{R}[\Theta,\ \hat{\Theta}]$中想法的升链。我们可以援引希尔伯特基本定理，并得出结论：$\mathbb{R}[x]$是诺特环，因此存在 N，使得 $I_N = I_{N+1} = \cdots$。所以对于所有 $N+j$，我们可以得到

$$Q_{N+j}(\Theta,\hat{\Theta}) = \sum_{i=1}^{N} p_{ij}(\Theta,\hat{\Theta}) Q_i(\Theta,\hat{\Theta})$$

对于一些多项式 $p_{ij} \in \mathbb{R}[\Theta,\ \hat{\Theta}]$成立。因此，对所有的 $r \in 1,2,\cdots,N$，如果 $M_r(\Theta) = M_r(\hat{\Theta})$，那么对所有 r 来说都有 $M_r(\Theta) = M_r(\hat{\Theta})$，从事实 7.6.3 可以得出结论 $F(\Theta) = F(\hat{\Theta})$。

定理的另一面显而易见。 ■

上面的定理在 N 上没有给出任何有限界，因为基础定理也没有。这是因为基础定理是由矛盾证明的，但更根本地讲，不可能给出仅取决于环的选择的 N 的边界。考虑以下示例：

示例 1 考虑诺特环 $\mathbb{R}[x]$。对于 $i=0,\cdots,N$，令 $I_i = \langle x^{N-i} \rangle$。对于 $i=0,\cdots,N$，它是一个严格的想法升链。因此，即使环 $\mathbb{R}[x]$是固定的，在 N 上也没有通用界。

诸如定理 7.6.7 中的界通常被认为是无效界。考虑将以上结果应用于高斯混合模型：从以上定理中，我们可以得到，当且仅当这些混合模型在它们的前 N 个矩上一致，有 k 个高斯分布的任意两个混合模型 F 和 $\hat{F}$ 是相同的。这里 N 是 k 的函数，而 N 是有限的，但是我们不能使用上述工具写下 N 作为 k 的函数的任何明确的界限。尽管如此，这些工具的应用范围比基于热方程的专用工具要广泛得多，我们在上一节中就使用了该热方程来证明 $4k-2$ 矩足以用于 k 个高斯分布的混合模型。

多项式不等式方程组

一般而言，我们不能准确地获取分布的矩，而只能获得有噪声的近似值。我们的主要目标是证明先前结果的定量形式，表明任何两个分布 F 和 $\hat{F}$ 在其前 N 个矩上接近，它们的参数也接近。关键事实是我们可以限制多项式不等式方程组的条件数。有很多方法可以做到这一点，但是我们将使用量词消除。回想一下：

129

定义 7.6.8　如果存在多元多项式 $p_1,\cdots,p_n$，使得

$$S=\{x_1,\cdots,x_r \mid p_i(x_1,\cdots,x_r)\geqslant 0\}$$

或者 S 是此类集合的有限并集或交集，则集合 S 是半代数集。

当一个集合可以通过多项式等式定义时，我们称其为代数集。

定理 7.6.9(Tarski)　半代数集的投影是半代数的。

有趣的是，代数集的投影不一定是代数的。你能举个例子吗？投影不仅可以通过多项式不等式还可以通过 ∃ 运算符来定义集合。事实证明，你甚至可以采用 ∃ 和 ∀ 运算符的序列，并且结果集仍然是半代数的。

使用此工具，我们定义了以下辅助集：

$$H(\varepsilon,\delta)=\left\{\forall(\Theta,\hat{\Theta}):|M_r(\Theta)-M_r(\hat{\Theta})|\leqslant\delta\right.$$

$$\left.\text{对于 } r=1,2,\cdots,N\Longrightarrow d_p(\Theta,\hat{\Theta})\leqslant\varepsilon\right\}$$

其中 $d_p(\Theta,\hat{\Theta})$是 Θ 到$\hat{\Theta}$之间的某个参数距离。究竟选择什么并不重要，只需要它可以通过多项式在参数中表示，并且将产生相同分布的参数视为相同即可。例如，通过将 $F(\Theta)$中成分与 $F(\hat{\Theta})$中成分的所有匹配取最小值，并求出各个成分的参数距离之和。

现在让 $\varepsilon(\delta)$表示 δ 的函数 ε 的最小值。利用 Tarski 定理，我们可以证明矩量法的下列稳定性边界：

定理 7.6.10　*存在固定常数 C_1、C_2 和 s，如果有 $\delta\leqslant 1/C_1$，则 $\varepsilon(\delta)\leqslant C_2\delta^{1/s}$。*

证明：很容易看出，我们可以将 $H(\varepsilon,\delta)$定义为半代数集的投影，因此使用 Tarski 定理，可以得出的结论是 $H(\varepsilon,\delta)$也是半代数的。至关重要的观察是，因为 $H(\varepsilon,\delta)$是半代数的，所以我们可以选择的 ε(作为 δ 的函数)的最小值本身就是 δ 的多项式函数。这里有一些注意事项，因为我们需要证明对于固定的 δ，可以选择 ε 严格大于零，而且，仅当 δ 足够小时，ε 和 δ 之间的多项式关系才成立。但是，这些技术问题可以在不做更多工作的情况下解决(参见文献[28])。 ■

130

现在我们得出主要结果：

推论 7.6.11　*如果 $|M_r(\Theta)-M_r(\hat{\Theta})|\leqslant\left(\frac{\varepsilon}{C_2}\right)^s$，则 $d_p(\Theta,\hat{\Theta})\leqslant\varepsilon$。*

因此，有一个多项式时间算法可以在累计准确度为 ε 的范围内学习任何单变量多项式族的参数(其 mgf 收敛于零附近)，其运行时间和样本复杂度为 poly$(1/\varepsilon)$。我们可以取足够的样本来估计 ε^s 内的前 N 个矩，并在参数网格中进行搜索，并且与每个矩匹配的任何参数集在参数距离上都必须接近真实参数。

7.7 练习

问题 7-1 假设我们得到了两个高斯分布的混合模型，其中每个成分的方差相等：

$$F(x)=w_1\mathcal{N}(\mu_1,\sigma^2,x)+(1-w_1)\mathcal{N}(\mu_2,\sigma^2,x)$$

证明：四个矩足以唯一确定混合模型的参数。

问题 7-2 假设我们获得了一个预言机，该预言机对于任何方向 $\boldsymbol{r}$ 都返回预计的均值和方差，即一个成分的 $\boldsymbol{r}^{\mathrm{T}}\boldsymbol{\mu}_1$ 和 $\boldsymbol{r}^{\mathrm{T}}\boldsymbol{\Sigma}_1\boldsymbol{r}$ 以及 $\boldsymbol{r}^{\mathrm{T}}\boldsymbol{\mu}_2$ 和 $\boldsymbol{r}^{\mathrm{T}}\boldsymbol{\Sigma}_2\boldsymbol{r}$。问题在于你不知道哪些参数对应于哪个成分。

(a) 设计一种算法来恢复 $\boldsymbol{\mu}_1$ 和 $\boldsymbol{\mu}_2$（最多置换哪个成分），最多对预言机进行 $O(d^2)$ 次查询，其中 d 是维度。提示：恢复 $(\boldsymbol{\mu}_1-\boldsymbol{\mu}_2)(\boldsymbol{\mu}_1-\boldsymbol{\mu}_2)^{\mathrm{T}}$ 的项。

(b) **挑战**：设计一种算法来恢复 $\boldsymbol{\Sigma}_1$ 和 $\boldsymbol{\Sigma}_2$（最多置换哪个成分），当 $d=2$ 时对预言机进行 $O(1)$ 次查询。

请注意，此处我们不假设投影均值或方差在某个方向 $\boldsymbol{r}$ 上相距多远。

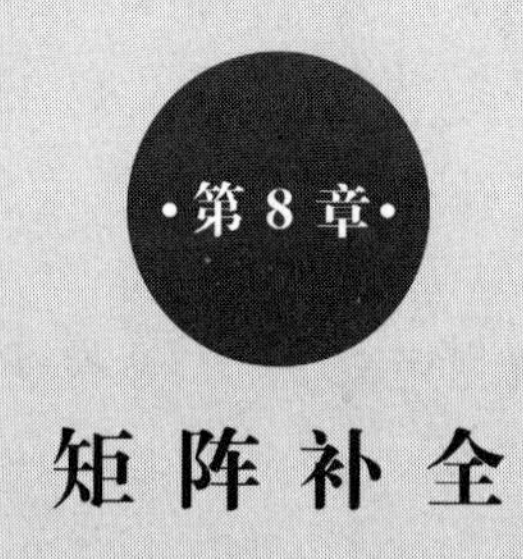

矩阵补全

在前面的章节中，我们已经见证了稀疏的力量。从比它的维数少很多的测量中恢复一个稀疏向量是可能的。而且，即便我们不知道向量稀疏的基在哪里，只要有足够的样例，我们就可以学习它。但是稀疏仅仅是一个开始，还有许多其他方法可以使得我们正在处理的对象的复杂度变低。在本章中，我们将研究矩阵补全问题，目标是在只观察到其中几个元素的情况下重构一个矩阵。如果没有任何关于矩阵的假设，这是不可能的，因为自由度太多了。但是，当矩阵低秩且非相干时，事实证明有一些简单的凸规划是可行的。你可以进一步研究这些想法，并通过凸规划研究各种结构化恢复问题，例如将一个矩阵分解为稀疏矩阵和低秩矩阵之和。我们不会在这里介绍这些内容，但是会为你提供参考文献。

8.1 介绍

2006年，Netflix向机器学习社区发出了一个巨大的挑战：如果能够将我们向用户推荐电影的预测算法的准确率提高10%以上，我们就给你100万美元。虽然花了几年的时间，但最终还是有人赢得了挑战，Netflix 也支付了奖金。在那段时间里，我们都学到了很多关于如何构建好的推荐系统的知识。在本章中，我们将介绍其中的一个主要内容，即矩阵补全问题。

我们的出发点是将预测电影评分问题建模为根据观察到的矩阵元素来预测未观察到的矩阵元素的问题。更准确地说，如果用户 i 给电影 j 评分(从一星到五星)，就用 $M_{i,j}$ 来表示得分数值。目标是利用观察到的元素 $M_{i,j}$ 来预测我们未知的元素。如果可以准确地预测这些元素，就有办法向用户推荐我们认为他们可能会喜欢的电影。事先没有理由相信你可以做到这一点。如果考虑通过强迫每个用户对每部电影进行评分来获得整个矩阵 $\boldsymbol{M}$(Netflix 数据集中有 480 189 个用户和 17 770 部电影)，那么原则上我们观察到的元素 $M_{i,j}$ 可能不会告诉我们有关未观察到的元素的信息。

132

我们在讨论压缩感知时也曾陷入相同的困境。事先我们没有理由相信你可以对向量 $\boldsymbol{x}$ 采取比其维数更少的线性测量来重构 $\boldsymbol{x}$。我们需要对结构进行一些假设。在压缩感知中，我们假设 $\boldsymbol{x}$ 是稀疏或近似稀疏的。在矩阵补全中，我们假定 $\boldsymbol{M}$ 是低秩或近似低秩的。重要的是，我们要考虑这一假设的来源。如果 $\boldsymbol{M}$ 是低秩的，可以写成：

$$\boldsymbol{M} = \boldsymbol{u}^{(1)}(\boldsymbol{v}^{(1)})^{\mathrm{T}} + \boldsymbol{u}^{(2)}(\boldsymbol{v}^{(2)})^{\mathrm{T}} + \cdots + \boldsymbol{u}^{(r)}(\boldsymbol{v}^{(r)})^{\mathrm{T}}$$

我们希望这些秩为 1 的项都能代表电影的某个类别。例如，第一项可能代表戏剧类，而 $\boldsymbol{u}^{(1)}$ 中的元素可能代表每个用户，那么他在多大程度上会喜欢戏剧电影？$\boldsymbol{v}^{(1)}$ 中的每个元素将代表每部电影，那么它对喜欢戏剧的用户有多大程度的吸引力呢？这就是低秩假设的由来。我们希望的是数据基础上有一些类别，使我们可以填充缺失的元素。当我们掌握了一个用户对每个类别中的电影的评分时，就可以利用从其他用户那里获得的数据来推荐他喜欢的类别中的其他电影。

模型和主要结果

现在让我们正式开始。假设有 n 个用户和 m 部电影，因此 $\boldsymbol{M}$ 是 $n\times m$ 的矩阵。令 $\Omega\subseteq[n]\times[m]$ 为观察值 $M_{i,j}$ 的索引。在假设 $\boldsymbol{M}$ 为低秩或近似低秩的情况下，我们的目标是填充缺失的元素。麻烦的是，在这种普遍性水平下，找到与我们的观察结果相符的最低秩的矩阵 $\boldsymbol{M}$ 是 NP-hard 问题。但是，现在有一些标准的假设，在这些假设下，我们能够给出准确恢复 $\boldsymbol{M}$ 的有效算法：

1）我们观察到的元素都是从 $[n]\times[m]$ 中均匀随机选择的。

2）$\boldsymbol{M}$ 的秩为 r。

3）$\boldsymbol{M}$ 的奇异向量与标准基不相关（这样的矩阵是非相干的，稍后我们将对其进行定义）。

133

在本章中，我们的主要结论是：如果 $m\approx mr\log m$，其中 $m\geqslant n$ 且 $\text{rank}(\boldsymbol{M})\leqslant r$，那么存在精确恢复 $\boldsymbol{M}$ 的有效算法。这类似于压缩感知，我们能够从 $O(k\log n/k)$ 线性测量（比 $\boldsymbol{x}$ 的维度小得多）中恢复 k 稀疏信号 $\boldsymbol{x}$。在这里，我们也可以从比 $\boldsymbol{M}$ 的维数小得多的观测值中恢复一个低秩矩阵 $\boldsymbol{M}$。

让我们检查一下以上假设。假设中提到的 Ω 是均匀随机的这一点不太自然，因为如果我们观察到 $M_{i,j}$ 的概率取决于值本身，那将更加可信。另外，如果用户确实喜欢一部电影，则他应该更有可能对该电影进行评分。

我们已经讨论了第二个假设。为了理解第三个假设，假设我们的观察值确实是均匀随机的。考虑

$$\boldsymbol{M}=\boldsymbol{\Pi}\begin{bmatrix} I_r & \boldsymbol{0} \\ \boldsymbol{0} & \boldsymbol{0} \end{bmatrix}\boldsymbol{\Pi}^{\mathrm{T}}$$

其中 Π 是均匀随机置换矩阵。$\boldsymbol{M}$ 是低秩的，但除非观察到所有沿对角线的元素，否则我们将无法唯一地恢复 $\boldsymbol{M}$。实际上，$\boldsymbol{M}$ 的顶部奇异向量是标准基向量。但是，如果我们假设 $\boldsymbol{M}$ 的奇异向量相对于标准基是非相干的，就可以避免这种障碍，因为 $\boldsymbol{M}$ 的低秩分解中的向量被分布在许多行和列上。

定义 8.1.1　维度为 $\dim(u)=r$ 的子空间 $\boldsymbol{U}\subseteq\mathbb{R}^n$ 的相干性 μ 为

$$\frac{n}{r}\max_i\|\boldsymbol{P}_U\boldsymbol{e}_i\|^2$$

其中 $\boldsymbol{P}_U$ 表示在 $\boldsymbol{U}$ 上的正交投影，而 $\boldsymbol{e}_i$ 是标准基元。

很容易看出，如果我们均匀随机地选择 $\boldsymbol{U}$，则 $\mu(\boldsymbol{U})=\widetilde{O}(1)$。同样，我们有 $1\leqslant\mu(\boldsymbol{U})\leqslant n/r$，且如果 $\boldsymbol{U}$ 包含任何 $\boldsymbol{e}_i$，则达到上界。现在我们可以看到，若将 $\boldsymbol{U}$ 设置为上述示例的顶部奇异向量，则 $\boldsymbol{U}$ 具有较高的相干性。我们将在 $\boldsymbol{M}$ 上满足以下条件：

1) 令 $\boldsymbol{M}=\boldsymbol{U\Sigma V}^{\mathrm{T}}$，则 $\mu(\boldsymbol{U})$，$\mu(\boldsymbol{V})\leqslant\mu_0$。

2) $\|\boldsymbol{UV}^{\mathrm{T}}\|_\infty\leqslant\frac{\mu_1\sqrt{r}}{\sqrt{nm}}$，其中 $\|\cdot\|_\infty$ 表示任何元素的最大绝对值。

134

本章的主要结果是：

定理 8.1.2　假设 Ω 是均匀随机选择的，那么有一个多项式时间算法可以精确恢复 $\boldsymbol{M}$，并且在以下情况下成功的概率很高，即：

$$|\Omega|\geqslant C\max(\mu_1^2,\mu_0)r(n+m)\log^2(n+m)$$

上述定理中的算法基于一个称为核范数的矩阵秩的凸松弛。我们将在下一节中介绍它，并确定它的一些属性，但是实际上它与压缩感知中使用的 ℓ_1 最小化方法类似。这种方法最早是在 Fazel 的论文[70]中引入的，并且 Recht、Fazel 和 Parrilo[124]证明了这种方法可以在矩阵感知的情况下精确地恢复 $\boldsymbol{M}$，这与我们在此考虑的问题有关。

在一篇具有里程碑意义的论文中，Candes 和 Recht[41]证明了基于核范数的松弛方法也能成功实现矩阵补全，并引入了上述假设以证明其算法的有效性。此后，有一大堆工作改进了对 m 的要求，上面的定理和我们的论述将沿用 Recht[123]最新的一篇论文，该论文通过使用伯恩斯坦(Bernstein)边界的矩阵类似物并将其用于 Gross[80]首次提出的一种现在称为量子高尔夫的程序中，极大地简化了分析。

备注 8.1.3　我们将约束 $\boldsymbol{M}\in\mathbb{R}^{n\times n}$，并在分析中假设 $\mu_0,\mu_1=\widetilde{O}(1)$，来减少我们需要跟踪的参数数量。

8.2　核范数

在这里我们介绍核范数，它是矩阵补全算法的基础。我们将遵循与压缩感知算法平行的大纲。特别地，一个自然的出发点是优化问题：

$$(P_0)\qquad \min \operatorname{rank}(X)\quad \text{s. t. } X_{i,j}=M_{i,j}\ \forall\,(i,j)\in\Omega$$

该优化问题是 NP-hard 问题。如果 $\sigma(\boldsymbol{X})$是 $\boldsymbol{X}$ 的奇异值向量，那么我们可以将 $\boldsymbol{X}$ 的秩等价地看作 $\sigma(\boldsymbol{X})$的稀疏度。回想一下，在压缩感知中，我们面临了相似的困境：寻找线性方程组的最稀疏解也是 NP-hard 问题。但是我们考虑了 ℓ_1 松弛，并证明了在各种条件下，该优化问题都可以找回最稀疏解。同理，我们自然也可以考虑 $\sigma(\boldsymbol{X})$的 ℓ_1 范数，这称为核范数：

定义 8.2.1　由 $\|\boldsymbol{X}\|_*$ 表示的 $\boldsymbol{X}$ 的核范数为 $\|\sigma(\boldsymbol{X})\|_1$。

我们将转而解决凸规划问题：

$$(P_1) \qquad \min\|\boldsymbol{X}\|_* \quad \text{s. t. } X_{i,j} = M_{i,j} \quad \forall (i,j) \in \Omega$$

我们的目标是证明(P_1)的解正好是 $\boldsymbol{M}$ 的条件。请注意，这是一个凸规划，因为$\|\boldsymbol{X}\|_*$是一个范数，并且存在多种有效算法来求解上述问题。

实际上，就我们的目的而言，至关重要的概念是对偶范数。我们不需要这个概念的完全通用性，因此仅针对核范数的特定情况来说明。这个概念为我们提供了一种约束矩阵核范数下界的方法：

定义 8.2.2　令$\langle \boldsymbol{X},\boldsymbol{B}\rangle = \sum_{i,j} X_{i,j}B_{i,j} = \text{trace}(\boldsymbol{X}^{\mathrm{T}}\boldsymbol{B})$为矩阵的内积。

引理 8.2.3　$\|\boldsymbol{X}\|_* = \max_{\|\boldsymbol{B}\|\leqslant 1} \langle \boldsymbol{X},\boldsymbol{B}\rangle$

为了对此有所了解，请考虑将 $\boldsymbol{X}$ 和 $\boldsymbol{B}$ 限制为对角矩阵的特殊情况。此外，令 $\boldsymbol{X}=\text{diag}(\boldsymbol{x})$，$\boldsymbol{B}=\text{diag}(\boldsymbol{b})$。那么$\|\boldsymbol{X}\|_* = \|\boldsymbol{x}\|_1$，并且约束$\|\boldsymbol{B}\|\leqslant 1$（$\boldsymbol{B}$ 的谱范数最多为 1）等同于$\|\boldsymbol{b}\|_\infty \leqslant 1$。因此，在对角矩阵的特殊情况下，我们可以恢复更常见的向量范数的表征：

$$\|\boldsymbol{x}\|_1 = \max_{\|\boldsymbol{b}\|_\infty \leqslant 1} \boldsymbol{b}^{\mathrm{T}}\boldsymbol{x}$$

证明：我们只会证明上述引理的一个方向。我们应该使用什么 $\boldsymbol{B}$ 来证明 $\boldsymbol{X}$ 的核范数呢？令 $\boldsymbol{X}=\boldsymbol{U}_X\boldsymbol{\Sigma}_X\boldsymbol{V}_X^{\mathrm{T}}$，那么我们将选择 $\boldsymbol{B}=\boldsymbol{U}_X\boldsymbol{V}_X^{\mathrm{T}}$。则

$$\begin{aligned}\langle \boldsymbol{X},\boldsymbol{B}\rangle &= \text{trace}(\boldsymbol{B}^{\mathrm{T}}\boldsymbol{X}) = \text{trace}(\boldsymbol{V}_X\boldsymbol{U}_X^{\mathrm{T}}\boldsymbol{U}_X\boldsymbol{\Sigma}_X\boldsymbol{V}_X^{\mathrm{T}}) \\ &= \text{trace}(\boldsymbol{V}_X\boldsymbol{\Sigma}_X\boldsymbol{V}_X^{\mathrm{T}}) = \text{trace}(\boldsymbol{\Sigma}_X) = \|\boldsymbol{X}\|_*\end{aligned}$$

其中，我们使用了 $\mathrm{trace}(\boldsymbol{ABC})=\mathrm{trace}(\boldsymbol{BCA})$ 这一基础事实。因此，这证明了 $\|\boldsymbol{X}\|_* \leqslant \max\limits_{\|\boldsymbol{B}\|\leqslant 1}\langle \boldsymbol{X},\boldsymbol{B}\rangle$，而另一个方向的证明也并不困难(例如，参见文献[88])。 ■

我们如何证明(P_1)的解是 $\boldsymbol{M}$ 呢？用到的基本方法是反证法。假设其解不是 $\boldsymbol{M}$，那么对于 $\bar{\Omega}$ 中支撑的某些 $\boldsymbol{Z}$，解是 $\boldsymbol{M}+\boldsymbol{Z}$。我们的目标是构造一个谱范数最多为 1 的矩阵 $\boldsymbol{B}$，其中：

$$\|\boldsymbol{M}+\boldsymbol{Z}\|_* \geqslant \langle \boldsymbol{M}+\boldsymbol{Z},\boldsymbol{B}\rangle > \|\boldsymbol{M}\|_*$$

因此，$\boldsymbol{M}+\boldsymbol{Z}$ 不是(P_1)的最优解。这种策略类似于压缩感知中的策略，在压缩感知中，我们假设在感知矩阵 $\boldsymbol{A}$ 的核中有一些与 $\boldsymbol{x}$ 相差一个向量 $\boldsymbol{y}$ 的其他解 $\boldsymbol{w}$。在那里，我们的策略是使用 $\ker(\boldsymbol{A})$的几何特性来证明 $\boldsymbol{w}$ 具有比 $\boldsymbol{x}$ 更大的 ℓ_1 范数。这里的证明将以相同的理念进行，但技术性更强，涉及面更广。

136

让我们介绍一些对证明至关重要的基本投影算子。回想一下，$\boldsymbol{M}=\boldsymbol{U\Sigma V}^{\mathrm{T}}$，令 $\boldsymbol{u}_1,\cdots,\boldsymbol{u}_r$ 为 $\boldsymbol{U}$ 的列，$\boldsymbol{v}_1,\cdots,\boldsymbol{v}_r$ 为 $\boldsymbol{V}$ 的列。选择 $\boldsymbol{u}_{r+1},\cdots,\boldsymbol{u}_n$，使 $\boldsymbol{u}_1,\cdots,\boldsymbol{u}_n$ 形成所有 $\mathbb{R}^n$ 的正交基，即 $\boldsymbol{u}_{r+1},\cdots,\boldsymbol{u}_n$ 是 $\boldsymbol{U}^{\perp}$ 的任意正交基。类似地，选择 $\boldsymbol{v}_{r+1},\cdots,\boldsymbol{v}_n$ 使 $\boldsymbol{v}_1,\cdots,\boldsymbol{v}_n$ 构成所有 $\mathbb{R}^n$ 的正交基。我们将对以下矩阵上的线性空间感兴趣：

定义 8.2.4 $\boldsymbol{T}=\mathrm{span}\{\boldsymbol{u}_i\boldsymbol{v}_j^{\mathrm{T}}\mid 1\leqslant i\leqslant r$ 或 $1\leqslant j\leqslant r$ 或二者均满足$\}$

那么 $\boldsymbol{T}^{\perp}=\mathrm{span}\{u_iv_j^{\mathrm{T}}\ \mathrm{s.t.}\ r+1\leqslant i,\ j\leqslant n\}$。我们可以得到 $\dim(\boldsymbol{T})=r^2+2(n-r)r$ 和 $\dim(\boldsymbol{T}^{\perp})=(n-r)^2$。此外，我们能够分别定义投射到 $\boldsymbol{T}$ 和 $\boldsymbol{T}^{\perp}$ 上的线性算子：

$$\boldsymbol{P}_{T^{\perp}}[\boldsymbol{Z}]=\sum_{i=r+1}^{n}\sum_{j=r+1}^{n}\langle \boldsymbol{Z},\boldsymbol{u}_i\boldsymbol{v}_j^{\mathrm{T}}\rangle\cdot \boldsymbol{u}_i\boldsymbol{v}_j^{\mathrm{T}}=\boldsymbol{P}_{U^{\perp}}\boldsymbol{Z}\boldsymbol{P}_{V^{\perp}}$$

相似地，

$$
\begin{aligned}
\boldsymbol{P}_T[\boldsymbol{Z}] &= \sum_{(i,j)\in[n]\times[n]-[r+1,n]\times[r+1,n]} \langle \boldsymbol{Z}, \boldsymbol{u}_i \boldsymbol{v}_j^{\mathrm{T}} \rangle \cdot \boldsymbol{u}_i \boldsymbol{v}_j^{\mathrm{T}} \\
&= \boldsymbol{P}_U \boldsymbol{Z} + \boldsymbol{Z} \boldsymbol{P}_V - \boldsymbol{P}_U \boldsymbol{Z} \boldsymbol{P}_V
\end{aligned}
$$

我们现在准备描述定理 8.1.2 的证明提纲。该证明将基于以下内容：

1）我们将假定存在一个特定的辅助矩阵 $\boldsymbol{Y}$，并证明这足以表示对于 Ω 中支撑的任何 $\boldsymbol{Z}$ 满足 $\|\boldsymbol{M}+\boldsymbol{Z}\|_* > \|\boldsymbol{M}\|_*$。

2）我们将使用量子高尔夫[80]构造这样一个 $\boldsymbol{Y}$。

精确恢复的条件

在这里，我们将说明辅助矩阵 $\boldsymbol{Y}$ 上需要的条件，并证明如果存在这样的 $\boldsymbol{Y}$，那么 $\boldsymbol{M}$ 是 (P_1) 的解。我们要求 $\boldsymbol{Y}$ 在 Ω 中被支撑，并且

1）$\|\boldsymbol{P}_T(\boldsymbol{Y}) - \boldsymbol{U}\boldsymbol{V}^{\mathrm{T}}\|_F \leqslant \sqrt{r/8n}$

2）$\|\boldsymbol{P}_{T^\perp}(\boldsymbol{Y})\| \leqslant 1/2$

我们想证明对于 $\overline{\Omega}$ 中支撑的任何 $\boldsymbol{Z}$，都有 $\|\boldsymbol{M}+\boldsymbol{Z}\|_* > \|\boldsymbol{M}\|_*$。回想一下，我们希望找到一个谱范数最多为 1 的矩阵 $\boldsymbol{B}$，使得 $\langle \boldsymbol{M}+\boldsymbol{Z}, \boldsymbol{B}\rangle > \|\boldsymbol{M}\|_*$。令 $\boldsymbol{U}_\perp$ 和 $\boldsymbol{V}_\perp$ 为 $\boldsymbol{P}_{T^\perp}[\boldsymbol{Z}]$ 的奇异向量。那么考虑

137

$$
\boldsymbol{B} = [\boldsymbol{U} \quad \boldsymbol{U}_\perp] \cdot \begin{bmatrix} \boldsymbol{V}^{\mathrm{T}} \\ \boldsymbol{V}_\perp^{\mathrm{T}} \end{bmatrix} = \boldsymbol{U}\boldsymbol{V}^{\mathrm{T}} + \boldsymbol{U}_\perp \boldsymbol{V}_\perp^{\mathrm{T}}
$$

声明 8.2.5　$\|B\| \leqslant 1$

证明：由构造可知，$\boldsymbol{U}^{\mathrm{T}}\boldsymbol{U}_\perp = 0$ 且 $\boldsymbol{V}^{\mathrm{T}}\boldsymbol{V}_\perp = 0$，因此，$\boldsymbol{B}$ 的上述表达式就是它的奇异值分解，声明得证。■

因此，我们可以插入对 $\boldsymbol{B}$ 的选择并简化：

$$\begin{aligned}\|\boldsymbol{M}+\boldsymbol{Z}\|_* &\geqslant \langle \boldsymbol{M}+\boldsymbol{Z},\boldsymbol{B}\rangle \\ &= \langle \boldsymbol{M}+\boldsymbol{Z},\boldsymbol{U}\boldsymbol{V}^{\mathrm{T}}+\boldsymbol{U}_{\perp}\boldsymbol{V}_{\perp}^{\mathrm{T}}\rangle \\ &= \underbrace{\langle \boldsymbol{M},\boldsymbol{U}\boldsymbol{V}^{\mathrm{T}}\rangle}_{\|\boldsymbol{M}\|_*}+\langle \boldsymbol{Z},\boldsymbol{U}\boldsymbol{V}^{\mathrm{T}}+\boldsymbol{U}_{\perp}\boldsymbol{V}_{\perp}^{\mathrm{T}}\rangle\end{aligned}$$

其中，在最后一行，我们使用 $\boldsymbol{M}$ 为 $\boldsymbol{U}_{\perp}\boldsymbol{V}_{\perp}^{\mathrm{T}}$ 正交的事实。现在，利用 $\boldsymbol{Y}$ 和 $\boldsymbol{Z}$ 具有不相交的支撑集的事实，我们可以得出以下结论：

$$\|\boldsymbol{M}+\boldsymbol{Z}\|_* \geqslant \|\boldsymbol{M}\|_*+\langle \boldsymbol{Z},\boldsymbol{U}\boldsymbol{V}^{\mathrm{T}}+\boldsymbol{U}_{\perp}\boldsymbol{V}_{\perp}^{\mathrm{T}}-\boldsymbol{Y}\rangle$$

因此，为了证明本节的主要结果，只要证明$\langle \boldsymbol{Z}, \boldsymbol{U}\boldsymbol{V}^{\mathrm{T}}+\boldsymbol{U}_{\perp}\boldsymbol{V}_{\perp}^{\mathrm{T}}-\boldsymbol{Y}\rangle>0$就足够了。我们可以根据到 $\boldsymbol{T}$ 和 $\boldsymbol{T}^{\perp}$ 上的投影的形式来扩展此等式，并简化为如下等式：

$$\begin{aligned}\|\boldsymbol{M}+\boldsymbol{Z}\|_*-\|\boldsymbol{M}\|_* \geqslant &\langle \boldsymbol{P}_{\mathrm{T}}(\boldsymbol{Z}), \boldsymbol{P}_T(\boldsymbol{U}\boldsymbol{V}^{\mathrm{T}}+\boldsymbol{U}_{\perp}\boldsymbol{V}_{\perp}^{\mathrm{T}}-\boldsymbol{Y})\rangle \\ &+\langle \boldsymbol{P}_{T^{\perp}}(\boldsymbol{Z}), \boldsymbol{P}_{T^{\perp}}(\boldsymbol{U}\boldsymbol{V}^{\mathrm{T}}+\boldsymbol{U}_{\perp}\boldsymbol{V}_{\perp}^{\mathrm{T}}-\boldsymbol{Y})\rangle \\ \geqslant &\langle \boldsymbol{P}_T(\boldsymbol{Z}), \boldsymbol{U}\boldsymbol{V}^{\mathrm{T}}-\boldsymbol{P}_T(\boldsymbol{Y})\rangle \\ &+\langle \boldsymbol{P}_{T^{\perp}}(\boldsymbol{Z}),\boldsymbol{U}_{\perp}\boldsymbol{V}_{\perp}^{\mathrm{T}}-\boldsymbol{P}_{T^{\perp}}(\boldsymbol{Y})\rangle \\ \geqslant &\langle \boldsymbol{P}_T(\boldsymbol{Z}), \boldsymbol{U}\boldsymbol{V}^{\mathrm{T}}-\boldsymbol{P}_T(\boldsymbol{Y})\rangle+\|\boldsymbol{P}_{T^{\perp}}(\boldsymbol{Z})\|_* \\ &-\langle \boldsymbol{P}_{T^{\perp}}(\boldsymbol{Z}),\boldsymbol{P}_{T^{\perp}}(\boldsymbol{Y})\rangle\end{aligned}$$

其中，在最后一行，我们使用 $\boldsymbol{U}_{\perp}$ 和 $\boldsymbol{V}_{\perp}$ 是 $\boldsymbol{P}_{T^{\perp}}[\boldsymbol{Z}]$的奇异向量的事实，因此$\langle \boldsymbol{U}_{\perp}\boldsymbol{V}_{\perp}^{\mathrm{T}}, \boldsymbol{P}_{T^{\perp}}[\boldsymbol{Z}]\rangle=\|\boldsymbol{P}_{T^{\perp}}[\boldsymbol{Z}]\|_*$。

现在，我们可以引用在本节中假设的 $\boldsymbol{Y}$ 的属性来证明等式右边的下界。根据 $\boldsymbol{Y}$ 的属性 1，我们可以得出$\|\boldsymbol{P}_T(\boldsymbol{Y})-\boldsymbol{U}\boldsymbol{V}^{\mathrm{T}}\|_F\leqslant\sqrt{\frac{r}{2n}}$。因此，我们知道第一项$\langle \boldsymbol{P}_T(\boldsymbol{Z}), \boldsymbol{U}\boldsymbol{V}^{\mathrm{T}}-\boldsymbol{P}_T(\boldsymbol{Y})\rangle\geqslant-\sqrt{\frac{r}{8n}}\|\boldsymbol{P}_T(\boldsymbol{Z})\|_F$。通过 $\boldsymbol{Y}$ 的属性 2，我们知道 $\boldsymbol{P}_T^{\perp}(\boldsymbol{Y})$的算子范数最大为 1/2。因此，第三项$\langle \boldsymbol{P}_{T^{\perp}}(\boldsymbol{Z}), \boldsymbol{P}_{T^{\perp}}(\boldsymbol{Y})\rangle$最大为$\frac{1}{2}\|\boldsymbol{P}_{T^{\perp}}(\boldsymbol{Z})\|_*$。因此

$$\|\boldsymbol{M}+\boldsymbol{Z}\|_*-\|\boldsymbol{M}\|_* \geqslant -\sqrt{\frac{r}{8n}}\|\boldsymbol{P}_T(\boldsymbol{Z})\|_F+\frac{1}{2}\|\boldsymbol{P}_{T^\perp}(\boldsymbol{Z})\|_* \overset{?}{>} 0$$

我们将证明，在选择 Ω 的概率很高的情况下，不等式的确成立。我们推迟最后一个事实的证明，因为它和辅助矩阵 $\boldsymbol{Y}$ 的构造都将用到下一节中介绍的矩阵伯恩斯坦不等式。

138

8.3 量子高尔夫

剩下的就是构造一个辅助矩阵 $\boldsymbol{Y}$，并证明在 Ω 的高概率下，对于 $\bar{\Omega}$ 中支撑的任何矩阵 $\boldsymbol{Z}$，都有 $\|\boldsymbol{P}_{T^\perp}(\boldsymbol{Z})\|_* > \sqrt{\frac{r}{2n}}\|\boldsymbol{P}_T(\boldsymbol{Z})\|_F$，来完成我们在上一节开始的证明。我们将利用 Gross[80] 引入的方法，并遵循文献[123]中 Recht 的证明，其中的策略是迭代构造 $\boldsymbol{Y}$。在每个阶段，我们将引用矩阵值随机变量的集中结果，来证明 $\boldsymbol{Y}$ 的误差部分呈几何级数递减，并且我们在构建良好的辅助矩阵方面取得了快速进展。

首先，我们将介绍在几种情况下应用的关键集中结果。以下矩阵值的伯恩斯坦不等式最早出现在 Ahlswede 和 Winter 关于量子信息理论的著作[6]中：

定理 8.3.1（非可交换伯恩斯坦不等式）　令 $\boldsymbol{X}_1 \cdots \boldsymbol{X}_l$ 是大小为 $d \times d$ 的独立的均值为 0 的矩阵。令 $\rho_k^2 = \max\{\|\mathbb{E}[\boldsymbol{X}_k\boldsymbol{X}_k^{\mathrm{T}}]\|, \|\mathbb{E}[\boldsymbol{X}_k^{\mathrm{T}}\boldsymbol{X}_k]\|\}$，并且假设几乎可以确定 $\|\boldsymbol{X}_k\| \leqslant M$。那么对于 $\tau > 0$，

$$\Pr\left[\left\|\sum_{k=1}^{l}\boldsymbol{X}_k\right\| > \tau\right] \leqslant 2d\ \exp\left\{\frac{-\tau^2/2}{\sum_k \rho_k^2 + M\tau/3}\right\}$$

如果 $d=1$，那么这是标准伯恩斯坦不等式。如果 $d>1$ 并且矩

阵 $\boldsymbol{X}_k$ 是对角矩阵，则这个不等式可以根据布尔不等式(联合界)和标准伯恩斯坦不等式再次获得。然而，为了建立直观性，请考虑以下玩具问题。令 $\boldsymbol{u}_k$ 为 $\mathbb{R}^d$ 中的随机单位向量，令 $\boldsymbol{X}_k=\boldsymbol{u}_k\boldsymbol{u}_k^{\mathrm{T}}$。那么可以很容易地看到 $\rho_k^2=1/d$。我们需要进行多少次试验才能使 $\sum_k \boldsymbol{X}_k$ 接近于恒等式(缩放后)？我们应该期望需要 $\Theta(d\log d)$ 次试验，即使由于优惠券收集问题从标准基向量 $\{\boldsymbol{e}_1\cdots\boldsymbol{e}_d\}$ 中随机抽取 $\boldsymbol{u}_k$，也是如此。实际上，上述界限证实了我们的直觉，即 $\Theta(d\log d)$ 是必要和充分的。

现在，我们将应用上述不等式来构建完成证明所需的工具。

定义 8.3.2 令 $\boldsymbol{R}_\Omega$ 是将矩阵中除 Ω 中的元素外的所有元素清零的算子。

引理 8.3.3 如果 Ω 被均匀随机地选择，且 $m\geqslant nr\log n$，则在很高的概率下有

$$\frac{n^2}{m}\left\|\boldsymbol{P}_T\boldsymbol{R}_\Omega\boldsymbol{P}_T-\frac{m}{n^2}\boldsymbol{P}_T\right\|<\frac{1}{2}$$

备注 8.3.4 我们感兴趣的是对矩阵上线性算子的算子范数进行约束。令 $\boldsymbol{T}$ 为这样的算子，那么 $\|\boldsymbol{T}\|$ 被定义为

$$\max_{\|\boldsymbol{Z}\|_F\leqslant 1}\|\boldsymbol{T}(\boldsymbol{Z})\|_F$$

我们将解释该界限如何与矩阵伯恩斯坦不等式的框架相吻合，但完整的证明请参见文献[123]。注意 $\mathbb{E}[\boldsymbol{P}_T\boldsymbol{R}_\Omega\boldsymbol{P}_T]=\boldsymbol{P}_T\mathbb{E}[\boldsymbol{R}_\Omega]\boldsymbol{P}_T=\frac{m}{n^2}\boldsymbol{P}_T$，因此我们只需要证明 $\boldsymbol{P}_T\boldsymbol{R}_\Omega\boldsymbol{P}_T$ 不会偏离它的期望值太远即可。令 $\boldsymbol{e}_1,\boldsymbol{e}_2,\cdots,\boldsymbol{e}_d$ 为标准基向量，那么我们可以展开：

$$\boldsymbol{P}_T(\boldsymbol{Z})=\sum_{a,b}\langle\boldsymbol{P}_T(\boldsymbol{Z}),\boldsymbol{e}_a\boldsymbol{e}_b^{\mathrm{T}}\rangle\boldsymbol{e}_a\boldsymbol{e}_b^{\mathrm{T}}=\sum_{a,b}\langle\boldsymbol{Z},\boldsymbol{P}_T(\boldsymbol{e}_a\boldsymbol{e}_b^{\mathrm{T}})\rangle\boldsymbol{e}_a\boldsymbol{e}_b^{\mathrm{T}}$$

因此 $\boldsymbol{R}_{\Omega}\boldsymbol{P}_T(\boldsymbol{Z}) = \sum_{(a,b)\in\Omega} \langle \boldsymbol{Z}, \boldsymbol{P}_T(\boldsymbol{e}_a\boldsymbol{e}_b^{\mathrm{T}})\rangle \boldsymbol{e}_a\boldsymbol{e}_b^{\mathrm{T}}$，最终我们可以得到结论：

$$\boldsymbol{P}_T\boldsymbol{R}_{\Omega}\boldsymbol{P}_T(\boldsymbol{Z}) = \sum_{(a,b)\in\Omega} \langle \boldsymbol{Z}, \boldsymbol{P}_T(\boldsymbol{e}_a\boldsymbol{e}_b^{\mathrm{T}})\rangle \boldsymbol{P}_T(\boldsymbol{e}_a\boldsymbol{e}_b^{\mathrm{T}})$$

我们可以将 $\boldsymbol{P}_T\boldsymbol{R}_{\Omega}\boldsymbol{P}_T$ 看作范数 $\tau_{a,b}$：$\boldsymbol{Z}\to\langle \boldsymbol{Z},\ \boldsymbol{P}_T(\boldsymbol{e}_a\boldsymbol{e}_b^{\mathrm{T}})\rangle\boldsymbol{P}_T(\boldsymbol{e}_a\boldsymbol{e}_b^{\mathrm{T}})$ 的随机算子的总和，然后通过将矩阵伯恩斯坦不等式应用于随机算子 $\sum_{(a,b)\in\Omega}\tau_{a,b}$ 来得到该引理。

现在，我们可以继续完成 8.4 节的证明：

引理 8.3.5 如果 Ω 是均匀随机选择的，且 $m\geqslant nr\log n$，那么对于 $\bar{\Omega}$ 中支撑的任何 $\boldsymbol{Z}$，有很高的概率可得到

$$\|\boldsymbol{P}_{T^{\perp}}(\boldsymbol{Z})\|_* > \sqrt{\frac{r}{2n}}\|\boldsymbol{P}_T(\boldsymbol{Z})\|_F$$

证明：使用引理 8.3.3 和算子范数的定义（参见备注），我们可以得到

$$\left\langle \boldsymbol{Z}, \boldsymbol{P}_T\boldsymbol{R}_{\Omega}\boldsymbol{P}_T\boldsymbol{Z} - \frac{m}{n^2}\boldsymbol{P}_T\boldsymbol{Z} \right\rangle \geqslant -\frac{m}{2n^2}\|\boldsymbol{Z}\|_F^2$$

此外，我们可以得到左侧上界为

$$\begin{aligned}\langle \boldsymbol{Z}, \boldsymbol{P}_T\boldsymbol{R}_{\Omega}\boldsymbol{P}_T\boldsymbol{Z}\rangle &= \langle \boldsymbol{Z}, \boldsymbol{P}_T\boldsymbol{R}_{\Omega}^2\boldsymbol{P}_T\boldsymbol{Z}\rangle = \|\boldsymbol{R}_{\Omega}(\boldsymbol{Z}-\boldsymbol{P}_{T^{\perp}}(\boldsymbol{Z}))\|_F^2 \\ &= \|\boldsymbol{R}_{\Omega}(\boldsymbol{P}_{T^{\perp}}(\boldsymbol{Z}))\|_F^2 \leqslant \|\boldsymbol{P}_{T^{\perp}}(\boldsymbol{Z})\|_F^2\end{aligned}$$

其中，在最后一行，我们使用 $\bar{\Omega}$ 中支撑的 $\boldsymbol{Z}$，则 $\boldsymbol{R}_{\Omega}(\boldsymbol{Z})=0$。因此，可以得到

$$\|\boldsymbol{P}_{T^{\perp}}(\boldsymbol{Z})\|_F^2 \geqslant \frac{m}{n^2}\|\boldsymbol{P}_T(\boldsymbol{Z})\|_F^2 - \frac{m}{2n^2}\|\boldsymbol{Z}\|_F^2$$

我们能够利用$\|\boldsymbol{Z}\|_F^2=\|\boldsymbol{P}_{T^\perp}(\boldsymbol{Z})\|_F^2+\|\boldsymbol{P}_T(\boldsymbol{Z})\|_F^2$这个事实，并得到结论$\|\boldsymbol{P}_{T^\perp}(\boldsymbol{Z})\|_F^2\geqslant\frac{m}{4n^2}\|\boldsymbol{P}_T(\boldsymbol{Z})\|_F^2$。现在得到公式

$$\|\boldsymbol{P}_{T^\perp}(\boldsymbol{Z})\|_*^2\geqslant\|\boldsymbol{P}_{T^\perp}(\boldsymbol{Z})\|_F^2\geqslant\frac{m}{4n^2}\|\boldsymbol{P}_T(\boldsymbol{Z})\|_F^2>\frac{r}{2n}\|\boldsymbol{P}_T(\boldsymbol{Z})\|_F^2$$

至此我们完成了引理的证明。 ■

剩下的就是证明我们利用的辅助矩阵$\boldsymbol{Y}$确实存在(高概率)。回想一下，我们要求$\boldsymbol{Y}$在Ω中被支撑，且$\|\boldsymbol{P}_T(\boldsymbol{Y})-\boldsymbol{U}\boldsymbol{V}^{\mathrm{T}}\|_F\leqslant\sqrt{r/8n}$，$\|\boldsymbol{P}_{T^\perp}(\boldsymbol{Y})\|\leqslant 1/2$。基本思想是将$\Omega$分解为不相交的集合$\Omega_1,\Omega_2,\cdots,\Omega_p$，其中$p=\log n$，并使用每组观测结果对剩余的$\boldsymbol{P}_T(\boldsymbol{Y})-\boldsymbol{U}\boldsymbol{V}^{\mathrm{T}}$进行改进。更准确地说，初始化$\boldsymbol{Y}_0=\boldsymbol{0}$，在这种情况下，余项为$\boldsymbol{W}_0-\boldsymbol{U}\boldsymbol{V}^{\mathrm{T}}$。然后设置

$$\boldsymbol{Y}_{i+1}=\boldsymbol{Y}_i+\frac{n^2}{m}\boldsymbol{R}_{\Omega_{i+1}}(\boldsymbol{W}_i)$$

并更新$\boldsymbol{W}_{i+1}=\boldsymbol{U}\boldsymbol{V}^{\mathrm{T}}-\boldsymbol{P}_T(\boldsymbol{Y}_{i+1})$。很容易看出$\mathbb{E}\left[\frac{n^2}{m}\boldsymbol{R}_{\Omega_{i+1}}\right]=\boldsymbol{I}$。直观地讲，这意味着每一步$\boldsymbol{Y}_{i+1}-\boldsymbol{Y}_i$都是$\boldsymbol{W}_i$的无偏估计，因此我们应该期望余项会迅速减少(此处我们将依赖于从非交换伯恩斯坦不等式得出的集中范围)。现在，我们可以解释量子高尔夫的命名了：在每个步骤中，我们都朝着球洞的方向击打高尔夫球，但是在这里，我们的目标是近似矩阵$\boldsymbol{U}\boldsymbol{V}^{\mathrm{T}}$，由于各种原因，这就是量子力学中出现的问题类型。

可以很容易地看出，$\boldsymbol{Y}=\sum_i\boldsymbol{Y}_i$在$\Omega$中被支撑，而对所有$i$来说$\boldsymbol{P}_T(\boldsymbol{W}_i)=\boldsymbol{W}_i$。因此我们可以计算

$$\begin{aligned}\|\boldsymbol{P}_T(\boldsymbol{Y}_i)-\boldsymbol{U}\boldsymbol{V}^{\mathrm{T}}\|_F &= \left\|\boldsymbol{P}_T\frac{n^2}{m}\boldsymbol{R}_{\Omega_i}\boldsymbol{W}_{i-1}-\boldsymbol{W}_{i-1}\right\|_F \\ &= \left\|\boldsymbol{P}_T\frac{n^2}{m}\boldsymbol{R}_{\Omega_i}\boldsymbol{P}_T\boldsymbol{W}_{i-1}-\boldsymbol{P}_T\boldsymbol{W}_{i-1}\right\|_F \\ &= \frac{n^2}{m}\left\|\boldsymbol{P}_T\boldsymbol{R}_{\Omega}\boldsymbol{P}_T-\frac{m}{n^2}\boldsymbol{P}_T\right\| \leqslant \frac{1}{2}\|\boldsymbol{W}_{i-1}\|_F\end{aligned}$$

141

其中最后一个不等式来自引理 8.3.3。因此，余项的 Frobenius 范数呈几何级数递减，并且容易保证 $\boldsymbol{Y}$ 能满足条件 1。

技术上涉及较多的部分是证明 $\boldsymbol{Y}$ 也满足条件 2。然而，直觉上 $\|\boldsymbol{P}_{T^{\perp}}(\boldsymbol{Y}_1)\|$ 本身并不太大，并且由于余项 $\boldsymbol{W}_i$ 的范数呈几何级数递减，我们应该期望 $\|\boldsymbol{P}_{T^{\perp}}(\boldsymbol{Y}_i)\|$ 也是如此，因此大多数对下式的贡献来自第一项：

$$\|\boldsymbol{P}_{T^{\perp}}(\boldsymbol{Y})\| \leqslant \sum_i \|\boldsymbol{P}_{T^{\perp}}(\boldsymbol{Y}_i)\|$$

有关详细信息，请参见文献[123]。这就完成了证明：只要 $\boldsymbol{M}$ 非相干且 $|\Omega| \geqslant \max(\mu_1^2, \mu_0)r(n+m)\log^2(n+m)$，那么计算凸规划的解确实可以精确地找到 $\boldsymbol{M}$。

进一步说明

矩阵补全还有许多其他方法。使上述论点在技术上如此复杂的原因是，我们想解决精确的矩阵补全问题。当我们的目标是恢复到 $\boldsymbol{M}$ 的近似时，就更容易显示 (P_1) 性能的界限。Srebro 和 Shraibman[132] 使用 Rademacher 复杂度和矩阵集中范围来证明 (P_1) 恢复了一个接近 $\boldsymbol{M}$ 的解。此外，他们的论点直接扩展到了可能更实际相关的情况，即 $\boldsymbol{M}$ 仅在元素上接近于低秩。Jain 等人[93] 和 Hardt[83] 给出了交替最小化的可证明保证。这些保证在对 $\boldsymbol{M}$ 的相干性、秩和条件数的依赖性方面较差，但是交替最小化具有更好的运行时间和空间复杂度，并且是实践中最流行的方法。Barak 和 Moitra[26]研究了噪声张量的补全方法，表明将张量补全比将其自然地展平成矩阵更好，并且根据驳斥随机约束满足问题的难度，展示了下界。

继完成矩阵补全工作之后，凸规划已被证明在许多其他相关问题中很有用，例如将矩阵分为低秩和稀疏部分之和[44]。Chandrasekaran 等人[46]给出了一个分析线性逆问题凸规划的通用框架，并将其应用于许多场合。一个有趣的方向是利用约简和凸规划层次结构作为探索计算与统计权衡的框架[24,29,45]。

参 考 文 献

[1] D. Achlioptas and F. McSherry. On spectral learning of mixtures of distributions. In *COLT*, pages 458–469, 2005.

[2] A. Agarwal, A. Anandkumar, P. Jain, P. Netrapalli, and R. Tandon. Learning sparsely used overcomplete dictionaries via alternating minimization. *arXiv:1310.7991*, 2013.

[3] A. Agarwal, A. Anandkumar, and P. Netrapalli. Exact recovery of sparsely used overcomplete dictionaries. *arXiv:1309.1952*, 2013.

[4] M. Aharon. Overcomplete dictionaries for sparse representation of signals. PhD thesis, 2006.

[5] M. Aharon, M. Elad, and A. Bruckstein. K-SVD: An algorithm for designing overcomplete dictionaries for sparse representation. *IEEE Trans. Signal Process.* 54(11):4311–4322, 2006.

[6] R. Ahlswede and A. Winter. Strong converse for identification via quantum channels. *IEEE Trans. Inf. Theory*, 48(3):569–579, 2002.

[7] N. Alon. Tools from higher algebra. In *Handbook of Combinatorics*, editors: R. L. Graham, M. Gr otschel, and L. Lovász. Cambridge, MA: MIT Press, 1996, pages 1749–1783.

[8] A. Anandkumar, D. Foster, D. Hsu, S. Kakade, and Y. Liu. A spectral algorithm for latent Dirichlet allocation. In *NIPS*, pages 926–934, 2012.

[9] A. Anandkumar, R. Ge, D. Hsu, and S. Kakade. A tensor spectral approach to learning mixed membership community models. In *COLT*, pages 867–881, 2013.

[10] A. Anandkumar, D. Hsu, and S. Kakade. A method of moments for hidden Markov models and multi-view mixture models. In *COLT*, pages 33.1–33.34, 2012.

[11] J. Anderson, M. Belkin, N. Goyal, L Rademacher, and J. Voss. The more the merrier: The blessing of dimensionality for learning large Gaussian mixtures. *arXiv:1311.2891*, 2013.

[12] S. Arora, R. Ge, Y. Halpern, D. Mimno, A. Moitra, D. Sontag, Y. Wu, and M. Zhu. A practical algorithm for topic modeling with provable guarantees. In *ICML*, pages 280–288, 2013.

[13] S. Arora, R. Ge, R. Kannan, and A. Moitra. Computing a nonnegative matrix factorization – provably. In *STOC*, pages 145–162, 2012.

[14] S. Arora, R. Ge, and A. Moitra. Learning topic models – going beyond SVD. In *FOCS*, pages 1–10, 2012.

[15] S. Arora, R. Ge, and A. Moitra. New algorithms for learning incoherent and overcomplete dictionaries. *arXiv:1308.6273*, 2013.

[16] S. Arora, R. Ge, T. Ma, and A. Moitra. Simple, efficient, and neural algorithms for sparse coding. In *COLT*, pages 113–149, 2015.

[17] S. Arora, R. Ge, A. Moitra, and S. Sachdeva. Provable ICA with unknown Gaussian noise, and implications for Gaussian mixtures and autoencoders. In *NIPS*, pages 2384–2392, 2012.

[18] S. Arora, R. Ge, S. Sachdeva, and G. Schoenebeck. Finding overlapping communities in social networks: Towards a rigorous approach. In *EC*, 2012.

[19] S. Arora and R. Kannan. Learning mixtures of separated nonspherical Gaussians. *Ann. Appl. Probab.*, 15(1A):69–92, 2005.

[20] M. Balcan, A. Blum, and A. Gupta. Clustering under approximation stability. *J. ACM*, 60(2): 1–34, 2013.

[21] M. Balcan, A. Blum, and N. Srebro. On a theory of learning with similarity functions. *Mach. Learn.*, 72(1–2):89–112, 2008.

[22] M. Balcan, C. Borgs, M. Braverman, J. Chayes, and S.-H. Teng. Finding endogenously formed communities. In *SODA*, 2013.

[23] A. Bandeira, P. Rigollet, and J. Weed. Optimal rates of estimation for multi-reference alignment. *arXiv:1702.08546*, 2017.

[24] B. Barak, S. Hopkins, J. Kelner, P. Kothari, A. Moitra, and A. Potechin. A nearly tight sum-of-squares lower bound for the planted clique problem. In *FOCS*, pages 428–437, 2016.

[25] B. Barak, J. Kelner, and D. Steurer. Dictionary learning and tensor decomposition via the sum-of-squares method. In *STOC*, pages 143–151, 2015.

[26] B. Barak and A. Moitra. Noisy tensor completion via the sum-of-squares hierarchy. In *COLT*, pages 417–445, 2016.

[27] M. Belkin and K. Sinha. Toward learning Gaussian mixtures with arbitrary separation. In *COLT*, pages 407–419, 2010.

[28] M. Belkin and K. Sinha. Polynomial learning of distribution families. In *FOCS*, pages 103–112, 2010.

[29] Q. Berthet and P. Rigollet. Complexity theoretic lower bounds for sparse principal component detection. In *COLT*, pages 1046–1066, 2013.

[30] A. Bhaskara, M. Charikar, and A. Vijayaraghavan. Uniqueness of tensor decompositions with applications to polynomial identifiability. In *COLT*, pages 742–778, 2014.

[31] A. Bhaskara, M. Charikar, A. Moitra, and A. Vijayaraghavan. Smoothed analysis of tensor decompositions. In *STOC*, pages 594–603, 2014.

[32] Y. Bilu and N. Linial. Are stable instances easy? *In Combinatorics, Probability and Computing*, 21(5):643–660, 2012.

[33] V. Bittorf, B. Recht, C. Re, and J. Tropp. Factoring nonnegative matrices with linear programs. In *NIPS*, 2012.

[34] D. Blei. Introduction to probabilistic topic models. *Commun. ACM,* 55(4):77–84, 2012.

[35] D. Blei and J. Lafferty. A correlated topic model of science. *Ann. Appl. Stat.*, 1(1):17–35, 2007.

[36] D. Blei, A. Ng, and M. Jordan. Latent Dirichlet allocation. *J. Mach. Learn. Res.*, 3:993–1022, 2003.

[37] A. Blum, A. Kalai, and H. Wasserman. Noise-tolerant learning, the parity problem, and the statistical query model. *J. ACM*, 50:506–519, 2003.

[38] A. Blum and J. Spencer. Coloring random and semi-random k-colorable graphs. *Journal of Algorithms*, 19(2):204–234, 1995.

[39] K. Borgwardt. *The Simplex Method: A Probabilistic Analysis*. New York: Springer, 2012.

[40] S. C. Brubaker and S. Vempala. Isotropic PCA and affine-invariant clustering. In *FOCS*, pages 551–560, 2008.

[41] E. Candes and B. Recht. Exact matrix completion via convex optimization. *Found. Comput. Math.*, 9(6):717–772, 2008.

[42] E. Candes, J. Romberg, and T. Tao. Stable signal recovery from incomplete and inaccurate measurements. *Comm. Pure Appl. Math.*, 59(8):1207–1223, 2006.

[43] E. Candes and T. Tao. Decoding by linear programming. *IEEE Trans. Inf. Theory*, 51(12):4203–4215, 2005.

[44] E. Candes, X. Li, Y. Ma, and J. Wright. Robust principal component analysis? *J. ACM*, 58(3):1–37, 2011.

[45] V. Chandrasekaran and M. Jordan. Computational and statistical tradeoffs via convex relaxation. *Proc. Natl. Acad. Sci. U.S.A.*, 110(13):E1181–E1190, 2013.

[46] V. Chandrasekaran, B. Recht, P. Parrilo, and A. Willsky. The convex geometry of linear inverse problems. *Found. Comput. Math.*, 12(6):805–849, 2012.

[47] J. Chang. Full reconstruction of Markov models on evolutionary trees: Identifiability and consistency. *Math. Biosci.*, 137(1):51–73, 1996.

[48] K. Chaudhuri and S. Rao. Learning mixtures of product distributions using correlations and independence. In *COLT*, pages 9–20, 2008.

[49] K. Chaudhuri and S. Rao. Beyond Gaussians: Spectral methods for learning mixtures of heavy-tailed distributions. In *COLT*, pages 21–32, 2008.

[50] S. Chen, D. Donoho, and M. Saunders. Atomic decomposition by basis pursuit. *SIAM J. Sci. Comput.*, 20(1):33–61, 1998.

[51] A. Cohen, W. Dahmen, and R. DeVore. Compressed sensing and best *k*-term approximation. *J. AMS*, 22(1):211–231, 2009.

[52] J. Cohen and U. Rothblum. Nonnegative ranks, decompositions and factorizations of nonnegative matrices. *Linear Algebra Appl.*, 190:149–168, 1993.

[53] P. Comon. Independent component analysis: A new concept? *Signal Processing*, 36(3):287–314, 1994.

[54] A. Dasgupta. *Asymptotic Theory of Statistics and Probability*. New York: Springer, 2008.

[55] A. Dasgupta, J. Hopcroft, J. Kleinberg, and M. Sandler. On learning mixtures of heavy-tailed distributions. In *FOCS*, pages 491–500, 2005.

[56] S. Dasgupta. Learning mixtures of Gaussians. In *FOCS*, pages 634–644, 1999.

[57] S. Dasgupta and L. J. Schulman. A two-round variant of EM for Gaussian mixtures. In *UAI*, pages 152–159, 2000.

[58] G. Davis, S. Mallat, and M. Avellaneda. Greedy adaptive approximations. *Constr. Approx.*, 13:57–98, 1997.

[59] L. De Lathauwer, J Castaing, and J. Cardoso. Fourth-order cumulant-based blind identification of underdetermined mixtures. *IEEE Trans. Signal Process.*, 55(6):2965–2973, 2007.

[60] S. Deerwester, S. Dumais, T. Landauer, G. Furnas, and R. Harshman. Indexing by latent semantic analysis. *J. Assoc. Inf. Sci. Technol.*, 41(6):391–407, 1990.

[61] A. P. Dempster, N. M. Laird, and D. B. Rubin. Maximum likelihood from incomplete data via the EM algorithm. *J. R. Stat. Soc. Series B Stat. Methodol.*, 39(1):1–38, 1977.

[62] D. Donoho and M. Elad. Optimally sparse representation in general (non-orthogonal) dictionaries via ℓ_1-minimization. *Proc. Natl. Acad. Sci. U.S.A.*, 100(5):2197–2202, 2003.

[63] D. Donoho and X. Huo. Uncertainty principles and ideal atomic decomposition. *IEEE Trans. Inf. Theory*, 47(7):2845–2862, 1999.

[64] D. Donoho and P. Stark. Uncertainty principles and signal recovery. *SIAM J. Appl. Math.*, 49(3):906–931, 1989.

[65] D. Donoho and V. Stodden. When does nonnegative matrix factorization give the correct decomposition into parts? In *NIPS*, 2003.

[66] R. Downey and M. Fellows. *Parameterized Complexity*. New York: Springer, 2012.

[67] M. Elad. *Sparse and Redundant Representations*. New York: Springer, 2010.

[68] K. Engan, S. Aase, and J. Hakon-Husoy. Method of optimal directions for frame design. *Proc. IEEE Int. Conf. Acoust. Speech Signal Process.*, 5:2443–2446, 1999.

[69] P. Erdos, M. Steel, L. Szekely, and T. Warnow. A few logs suffice to build (almost) all trees. I. *Random Struct. Algorithms*, 14:153–184, 1997.

[70] M. Fazel. Matrix rank minimization with applications. PhD thesis, Stanford University, 2002.

[71] U. Feige and J. Kilian. Heuristics for semirandom graph problems. *J. Comput. Syst. Sci.*, 63(4):639–671, 2001.

[72] U. Feige and R. Krauthgamer. Finding and certifying a large hidden clique in a semirandom graph. *Random Struct. Algorithms*, 16(2):195–208, 2009.

[73] J. Feldman, R. A. Servedio, and R. O'Donnell. PAC learning axis-aligned mixtures of Gaussians with no separation assumption. In *COLT*, pages 20–34, 2006.

[74] A. Frieze, M. Jerrum, and R. Kannan. Learning linear transformations. In *FOCS*, pages 359–368, 1996.

[75] A. Garnaev and E. Gluskin. The widths of a Euclidean ball. *Sov. Math. Dokl.*, 277(5):200–204, 1984.

[76] R. Ge and T. Ma. Decomposing overcomplete 3rd order tensors using sum-of-squares algorithms. In *RANDOM*, pages 829–849, 2015.

[77] A. Gilbert, S. Muthukrishnan, and M. Strauss. Approximation of functions over redundant dictionaries using coherence. In *SODA*, pages 243–252, 2003.

[78] N. Gillis. Robustness analysis of hotttopixx, a linear programming model for factoring nonnegative matrices. *arXiv:1211.6687*, 2012.

[79] N. Goyal, S. Vempala, and Y. Xiao. Fourier PCA. In *STOC*, pages 584–593, 2014.

[80] D. Gross. Recovering low-rank matrices from few coefficients in any basis. *arXiv:0910.1879*, 2009.

[81] D. Gross, Y.-K. Liu, S. Flammia, S. Becker, and J. Eisert. Quantum state tomography via compressed sensing. *Phys. Rev. Lett.*, 105(15):150401, 2010.

[82] V. Guruswami, J. Lee, and A. Razborov. Almost Euclidean subspaces of ℓ_1^n via expander codes. *Combinatorica*, 30(1):47–68, 2010.

[83] M. Hardt. Understanding alternating minimization for matrix completion. In *FOCS*, pages 651–660, 2014.

[84] R. Harshman. Foundations of the PARAFAC procedure: model and conditions for an "explanatory" multi-mode factor analysis. *UCLA Working Papers in Phonetics*, 16:1–84, 1970.

[85] J. Håstad. Tensor rank is *NP*-complete. *J. Algorithms*, 11(4):644–654, 1990.

[86] C. Hillar and L.-H. Lim. Most tensor problems are *NP*-hard. *arXiv:0911.1393v4*, 2013

[87] T. Hofmann. Probabilistic latent semantic analysis. In *UAI*, pages 289–296, 1999.

[88] R. Horn and C. Johnson. *Matrix Analysis*. New York: Cambridge University Press, 1990.

[89] D. Hsu and S. Kakade. Learning mixtures of spherical Gaussians: Moment methods and spectral decompositions. In *ITCS*, pages 11–20, 2013.

[90] P. J. Huber. Projection pursuit. *Ann. Stat.*, 13:435–475, 1985.

[91] R. A. Hummel and B. C. Gidas. Zero crossings and the heat equation. Courant Institute of Mathematical Sciences, TR-111, 1984.

[92] R. Impagliazzo and R. Paturi. On the complexity of k-SAT. *J. Comput. Syst. Sci.*, 62(2):367–375, 2001.

[93] P. Jain, P. Netrapalli, and S. Sanghavi. Low rank matrix completion using alternating minimization. In *STOC*, pages 665–674, 2013.

[94] A. T. Kalai, A. Moitra, and G. Valiant. Efficiently learning mixtures of two Gaussians. In *STOC*, pages 553–562, 2010.

[95] R. Karp. Probabilistic analysis of some combinatorial search problems. In *Algorithms and Complexity: New Directions and Recent Results*. New York: Academic Press, 1976, pages 1–19.

[96] B. Kashin and V. Temlyakov. A remark on compressed sensing. Manuscript, 2007.

[97] L. Khachiyan. On the complexity of approximating extremal determinants in matrices. *J. Complexity*, 11(1):138–153, 1995.

[98] D. Koller and N. Friedman. *Probabilistic Graphical Models*. Cambridge, MA: MIT Press, 2009.

[99] J. Kruskal. Three-way arrays: Rank and uniqueness of trilinear decompositions with applications to arithmetic complexity and statistics. *Linear Algebra Appl.*, 18(2):95–138, 1997.

[100] A. Kumar, V. Sindhwani, and P. Kambadur. Fast conical hull algorithms for near-separable non-negative matrix factorization. In *ICML*, pages 231–239, 2013.

[101] D. Lee and H. Seung. Learning the parts of objects by non-negative matrix factorization. *Nature*, 401(6755):788-791, 1999.

[102] D. Lee and H. Seung. Algorithms for non-negative matrix factorization. In *NIPS*, pages 556–562, 2000.

[103] S. Leurgans, R. Ross, and R. Abel. A decomposition for three-way arrays. *SIAM J. Matrix Anal. Appl.*, 14(4):1064–1083, 1993.

[104] M. Lewicki and T. Sejnowski. Learning overcomplete representations. *Comput.*, 12:337–365, 2000.

[105] W. Li and A. McCallum. Pachinko allocation: DAG-structured mixture models of topic correlations. In *ICML*, pp. 633-640, 2007.

[106] B. Lindsay. *Mixture Models: Theory, Geometry and Applications*. Hayward, CA: Institute for Mathematical Statistics, 1995.

[107] B. F. Logan. Properties of high-pass signals. PhD thesis, Columbia University, 1965.

[108] L. Lovász and M. Saks. Communication complexity and combinatorial lattice theory. *J. Comput. Syst. Sci.*, 47(2):322–349, 1993.

[109] F. McSherry. Spectral partitioning of random graphs. In *FOCS*, pages 529–537, 2001.

[110] S. Mallat. *A Wavelet Tour of Signal Processing*. New York: Academic Press, 1998.

[111] S. Mallat and Z. Zhang. Matching pursuits with time-frequency dictionaries. *IEEE Trans. Signal Process.*, 41(12):3397–3415, 1993.

[112] A. Moitra. An almost optimal algorithm for computing nonnegative rank. In *SODA*, pages 1454–1464, 2013.

[113] A. Moitra. Super-resolution, extremal functions and the condition number of Vandermonde matrices. In *STOC*, pages 821–830, 2015.

[114] A. Moitra and G. Valiant. Setting the polynomial learnability of mixtures of Gaussians. In *FOCS*, pages 93–102, 2010.

[115] E. Mossel and S. Roch. Learning nonsingular phylogenies and hidden Markov models. In *STOC*, pages 366–375, 2005.

[116] Y. Nesterov. *Introductory Lectures on Convex Optimization: A Basic Course*. New York: Springer, 2004.

[117] B. Olshausen and B. Field. Sparse coding with an overcomplete basis set: A strategy employed by V1? *Vision Research*, 37(23):3311–3325, 1997.

[118] C. Papadimitriou, P. Raghavan, H. Tamaki, and S. Vempala. Latent semantic indexing: A probabilistic analysis. *J. Comput. Syst. Sci.*, 61(2):217–235, 2000.

[119] Y. Pati, R. Rezaiifar, and P. Krishnaprasad. Orthogonal matching pursuit: Recursive function approximation with applications to wavelet decomposition. *Asilomar Conference on Signals, Systems, and Computers*, pages 40–44, 1993.

[120] K. Pearson. Contributions to the mathematical theory of evolution. *Philos. Trans. Royal Soc. A*, 185: 71–110, 1894.

[121] Y. Rabani, L. Schulman, and C. Swamy. Learning mixtures of arbitrary distributions over large discrete domains. In *ITCS*, pages 207–224, 2014.

[122] R. Raz. Tensor-rank and lower bounds for arithmetic formulas. In *STOC*, pages 659–666, 2010.

[123] B. Recht. A simpler approach to matrix completion. *J. Mach. Learn. Res.*, 12:3413–3430, 2011.

[124] B. Recht, M. Fazel, and P. Parrilo. Guaranteed minimum rank solutions of matrix equations via nuclear norm minimization. *SIAM Rev.*, 52(3):471–501, 2010.

[125] R. A. Redner and H. F. Walker. Mixture densities, maximum likelihood and the EM algorithm. *SIAM Rev.*, 26(2):195–239, 1984.

[126] J. Renegar. On the computational complexity and geometry of the first-order theory of the reals. *J. Symb. Comput.*, 13(1):255–352, 1991.

[127] T. Rockefellar. *Convex Analysis*. Princeton, NJ: Princeton University Press, 1996.

[128] A. Seidenberg. A new decision method for elementary algebra. *Ann. Math.*, 60(2):365–374, 1954.

[129] V. de Silva and L.-H. Lim. Tensor rank and the ill-posedness of the best low rank approximation problem. *SIAM J. Matrix Anal. Appl.*, 30(3):1084–1127, 2008.

[130] D. Spielman and S.-H. Teng. Smoothed analysis of algorithms: Why the simplex algorithm usually takes polynomial time. In *Journal of the ACM*, 51(3):385–463, 2004.

[131] D. Spielman, H. Wang, and J. Wright. Exact recovery of sparsely-used dictionaries. *J. Mach. Learn. Res.*, 23:1–18, 2012.

[132] N. Srebro and A. Shraibman. Rank, trace-norm and max-norm. In *COLT*, pages 545–560, 2005.

[133] M. Steel. Recovering a tree from the leaf colourations it generates under a Markov model. *Appl. Math. Lett.*, 7:19–24, 1994.

[134] A. Tarski. A decision method for elementary algebra and geometry. Berkeley and Los Angeles: University of California Press, 1951.

[135] H. Teicher. Identifiability of mixtures. *Ann. Math. Stat.*, 31(1):244–248, 1961.

[136] J. Tropp. Greed is good: Algorithmic results for sparse approximation. *IEEE Trans. Inf. Theory*, 50(10):2231–2242, 2004.

[137] J. Tropp, A. Gilbert, S. Muthukrishnan, and M. Strauss. Improved sparse approximation over quasi-incoherent dictionaries. *IEEE International Conference on Image Processing*, 1:37–40, 2003.

[138] L. Valiant. A theory of the learnable. *Commun. ACM*, 27(11):1134–1142, 1984.

[139] S. Vavasis. On the complexity of nonnegative matrix factorization. *SIAM J. Optim.*, 20(3):1364–1377, 2009.

[140] S. Vempala and Y. Xiao. Structure from local optima: Learning subspace juntas via higher order PCA. *arXiv:abs/1108.3329*, 2011.

[141] S. Vempala and G. Wang. A spectral algorithm for learning mixture models. *J. Comput. Syst. Sci.*, 68(4):841–860, 2004.

[142] M. Wainwright and M. Jordan. Graphical models, exponential families, and variational inference. *Foundations and Trends in Machine Learning*, 1(1–2): 1–305, 2008.

[143] P. Wedin. Perturbation bounds in connection with singular value decompositions. *BIT Numer. Math.*, 12:99–111, 1972.

[144] M. Yannakakis. Expressing combinatorial optimization problems by linear programs. *J. Comput. Syst. Sci.*, 43(3):441–466, 1991.

索　引

索引中的页码为英文原书页码，与书中页边标注的页码一致。

N

O

P

Q

R

S

T

U

V

W

Z